AGUA Y DESCARGAS RESIDUALES SIN TRATAR:

HACIA LA INSUSTENTABILIDAD HÍDRICA EN MÉXICO

Coordinadores
José Isabel Juan Pérez
José Luis Montesillo-Cedillo
Juan José Dimas Mojarro

COLEGIO DE CIENCIAS GEOGRÁFICAS DEL ESTADO DE MÉXICO, A.C.

BARKER & JULES

BARKER & JULES

AGUA Y DESCARGAS RESIDUALES SIN TRATAR: HACIA LA INSUSTENTABILIDAD HÍDRICA EN MÉXICO

Edición: Barker & Jules Books™
Diseño de Portada: Juan José Hernández Lázaro | Barker & Jules Books™
Diseño de Interiores: Juan José Hernández Lázaro | Barker & Jules Books™

Primera edición - Abril de 2021

I.S.B.N. | 978-1-64789-436-8
I.S.B.N. eBook | 978-1-64789-437-5

BARKER & JULES, LLC
2248 Meridian Blvd. Ste. H, Minden, NV 89423
barkerandjules.com

Agua y descargas residuales sin tratar: hacia la insustentabilidad hídrica en México

El contenido total de este libro fue sometido a dictamen en el sistema de pares ciegos. La dictaminación estuvo al cargo de miembros activos del Colegio de Ciencias Geográficas del Estado de México, A.C. y de profesores-investigadores de la Universidad del Caribe, Quintana Roo, México.

ÍNDICE

INTRODUCCIÓN

La presente obra denominada *Agua y descargas residuales sin tratar: hacia la insustentabilidad hídrica en México* consta se seis capítulos, y cada uno de ellos es resultado de investigaciones profundas derivadas de la amplia experiencia que tienen cada uno de los autores en el tema desarrollado en cada capítulo.

En el primer capítulo denominado "suministro de agua entubada y saneamiento en México: una unidad inseparable" el autor, Montesillo-Cedillo, José Luis demuestra la relación inseparable que debe existir entre suministro de agua y el caudal tratado de las aguas residuales municipal al nivel estatal. Nos presenta, en términos generales, la situación mundial en torno del suministro y saneamiento.

En relación con México, concluye que ninguna entidad federativa de México trata el 100% de sus descargas de aguas residuales municipales, respecto del agua suministrada. Nuevo León es la entidad federativa con el mayor volumen de tratamiento respecto del volumen de agua suministrada, 81.83%; Yucatán, el menor, 3.36%; 23 de entidades federativas tratan menos del 50% de sus descargas de aguas residuales municipales, y solo tres, más del 50%.

Finalmente, Montesillo-Cedillo, concluye que debido a los escenarios futuros respecto a la reducción del agua renovable promedio anual *per cápita*, tanto al nivel mundial como nacional; a los altos retornos financieros derivados de las inversiones en saneamiento, se precisa tratar todas las descargas de aguas residuales municipales para reducir la contaminación de las fuentes de abastecimiento, disminuir el estrés hídrico y potenciar el desarrollo humano y, por lo tanto, económico de México.

En el capítulo dos, titulado "Afectación del recurso agua en el sistema de barrancos del Río Calderón, Estado de México. Análisis ambiental", José Isabel Juan Pérez utiliza fundamentos de la teoría general de sistemas (TGS), geografía y ecología cultural, así como métodos, técnicas y herramientas de sistemas de información geográfica para estudiar la estructura y función de los ambientes de barrancos como un sistema. Se enfatiza en la relación ambiente-sociedad-cultura y en la importancia de los componentes de los barrancos para la subsistencia de las familias campesinas, asimismo en los factores que han provocado afectaciones a los componentes del sistema, principalmente al agua de los ríos y arroyos.

En este análisis ambiental se hizo la caracterización y diagnóstico del sistema de barrancos y su asociación con los asentamientos humanos adyacentes, los componentes físicos y los componentes biológicos. Se estudió a los barrancos como ecosistemas que proporcionan recursos, a la vez que ayudan con la subsistencia de las familias campesinas, y finalmente, se demuestra que el sistema de barrancos es fuente potencial de recursos naturales y que éstos han sido afectados por las actividades agrícolas no sustentables que se realizan en comunidades ubicadas a mayores altitudes. Las relaciones entre los elementos de un sistema y su ambiente son importantes para estudiar el comportamiento de sistemas vivos, aunque el sistema de barrancos del río Calderón no es un sistema vivo, contiene elementos bióticos que hacen interesante estudiarle como un todo.

Con relación a las afectaciones de los componentes del sistema, es notorio y significativo el impacto causado, pues durante el trabajo de campo se observaron residuos sólidos orgánicos y residuos sólidos inorgánicos, los cuales son producto de las actividades humanas, principalmente las asociadas con la agricultura tradicional (de temporal), agricultura convencional (de riego) y agricultura tecnificada controlada (invernaderos). Desde las porciones altas "aguas arriba", durante la época de lluvias y los excedentes del riego, las corrientes arrastran residuos peligrosos (agroquímicos), partes de automóviles (neumáticos), animales muertos y en descomposición, afectando significativamente a los componentes de los barrancos, principalmente al recurso hídrico.

El suelo, el agua, la vegetación natural y el paisaje son los componentes del sistema de barrancos del río Calderón con mayor afectación. Esto se explica con base en que los cultivos agrícolas, tanto tradicionales (agricultura de temporal) como convencionales (agricultura comercial y agricultura tecnificada controlada) utilizan grandes cantidades de insumos agrícolas (agroquímicos), lo cual provoca contaminación de los cuerpos de agua (bordos, presas, jagüeyes, depósitos) existentes en las zonas agrícolas. La vegetación natural existente en los lomeríos (laderas) de los barrancos es afectada por el pastoreo sin control y la tala clandestina, situación que impacta al paisaje. La infraestructura (invernaderos) de agricultura tecnificada controlada también impacta a los componentes del paisaje, además, el uso de diversos pesticidas y fertilizantes contribuye en la contaminación de los escurrimientos. Estos problemas han traído como consecuencia la pérdida de elementos naturales, paisajísticos y ecológicos, afectando directamente a la estructura y función del sistema y por consiguiente al bienestar social de las comunidades contiguas, esto en virtud de que las actividades económicas, la vida cotidiana y la cultura de los habitantes que viven cerca de los barrancos se vinculan con los recursos existentes en esos ambientes, desde luego, es importante entender la importancia de los componentes del sistema, esto para disponer de un programa de actividades recreativas, turísticas, deportivas y científicas que puedan realizarse durante todo el año y que coadyuven a fomentar el desarrollo local sustentable.

Las familias del Ejido Santa Ana Xochuca y otras comunidades vecinas enfrentan múltiples retos, uno de ellos está vinculado con la contaminación del agua por el uso excesivo de agroquímicos en la agricultura convencional y la agricultura tecnificada controlada, los cuales son utilizados en los procesos de producción agrícola, y cuyos escurrimientos son conducidos de manera natural hasta las porciones más profundas de los barrancos. Diversificar el uso potencial de los reservorios de agua y el manejo de los barrancos es otro reto, siendo la pesca deportiva y el turismo alternativo algunas actividades que pueden coadyuvar al desarrollo local sustentable de las comunidades, esto es viable, ya que las familias poseen cinco fortalezas importantes: conocimiento del ambiente, capacidad de gestión, organización social comunitaria, ayuda mutua y amplia agrobiodiversidad.

En el capítulo tres, Miguel Angel Cruz Vicente presenta una evaluación sobre el suministro de agua potable en Acapulco, Guerrero a partir de una serie de indicadores que muestran el desempeño del organismo operador, el objetivo es discernir sobre si es sustentable o no lo es.

La insustentabilidad del organismo operador (CAPAMA) hace referencia a la ausencia de mecanismo para satisfacer los requerimientos económicos, sociales y ambientales en el suministro de agua, es decir, el organismo operador de agua potable en Acapulco no ha generado las herramientas y/o instrumentos necesarios para una mejor gestión. La gestión debe ir encaminada a preservar y evitar la contaminación de la principal fuente de abastecimiento, a mejorar y ampliar la cobertura del servicio, y revisar tarifas, contratos y actualizar el padrón de usuarios del servicio de agua.

La fuente principal de suministro de agua para Acapulco es el río Papagayo, del cual se derivan dos tipos de abastecimiento: 1) subterránea y 2) superficial. La superficial corresponde al sistema Papagayo II y las subterráneas son: a) sistemas Papagayo I y b) Acueducto Lomas de Chapultepec.

Existen otros sistemas que abastecen de agua diversas zonas de Acapulco, por ejemplo, el Acueducto El Chorro ubicado en el municipio vecino Coyuca de Benítez; además, el Instituto Mexicano de Tecnología del Agua (IMTA) identificó sistemas de suministro a través de pozos localizados en la zona conurbada y rural, los cuales abastecen a las localidades donde se ubican y no aportan a la zona urbana, también recibirá caudales producidos por medio del "Suministro de agua potable y saneamiento de las zonas marginadas del Valle de La Sabana" y otra forma de suministrar agua potable a la población que habita en colonias que no cuentan con infraestructura hidráulica es a través de camiones cisterna (pipas) de manera gratuita. Además, en colonias localizadas en asentamientos informales de la periferia se abastecen por medio de pozos no registrados en el REPDA (Registro Público de Derechos de Agua).

De acuerdo a los datos disponibles, el 60% del agua potable la consume el sector residencial y el 40% el sector comercial, además, la cantidad de conexiones de redes de agua en el municipio corresponde en un 60% a servicio tandeado, un 30% para servicio continuo y el 10% no cuentan con servicio de agua potable (Sener/Banco Mundial, 2016). El suministro, a través del tiempo, ha sido deficiente, ya que al primer semestre del 2018 los predios registrados con servicios de 24 horas representaron el 25%; los predios con servicio de 16 a 23 horas representaron el 20%; los predios registrados con servicios de 8 a 15 horas el 30% y los predios con servicio de 8 horas o menos el 25%. (Plan Municipal de Desarrollo, 2018-2021).

A partir de los resultados se puede señalar que las condiciones de operación de la CAPAMA no son las más adecuadas, se presenta un deterioro en la gestión del organismo, su manejo no es sustentable. Para asegurar la sustentabilidad en el organismo operador se requiere mejorar la eficiencia física, operativa, administrativa, económica y de calidad en el servicio.

Ante esto, es necesario tener un sistema de información para generar los indicadores que midan el desempeño del organismo operador y permita una evaluación objetiva con la finalidad de mejorar su eficiencia. La eficiencia implica lograr los mejores resultados para la sociedad, al menor costo social, económico y ambiental. Los indicadores de gestión son un buen instrumento para la toma de decisiones, son herramientas que permiten evaluar la eficiencia y eficacia de los procesos que se realizan dentro de los organismos operadores. La eficiencia mide hasta qué punto los recursos de los sistemas de abastecimiento se utilizan de manera óptima para dar el servicio, mientras que la eficacia es la medida del grado del cumplimiento de los objetivos.

El desempeño del organismo operador será mejor si el servicio es continuo en cantidad y calidad de agua, si se conocen los elementos que forman su infraestructura, si tiene registros confiables de sus usuarios, si sabe cuánta agua produce y entrega a los consumidores, si utiliza toda la capacidad de sus unidades de tratamiento, si son atendidas todas las quejas de los usuarios y ellos a su vez pagan por el servicio, y si los costos de operación, mantenimiento y administración son amortizados por el propio organismo operador, entonces se puede tener un organismo operador sustentable.

En el capítulo cuatro, denominado "evaluación de la calidad del agua y la sociedad turística: caso playa Tlacopanocha de Acapulco, Guerrero", Juan José Dimas Mojarro y Diana Lisseth Dimas García argumentan que los orígenes de la evaluación de la calidad del agua de las playas en la República Mexicana datan de la década de los setenta del siglo pasado, ante la necesidad de encontrar un método confiable para comunicar los resultados de manera accesible a la población.

En 2003, el gobierno federal emprendió acciones para solucionar de manera integral el problema de contaminación con impacto en la actividad turística en los destinos de playa, dando origen al Programa Playas Limpias y de los Comités de Playas Limpias de los diferentes Estados.

En 2010, la Secretaría de Medio Ambiente y Recursos Naturales (SEMARNAT), estableció el Programa de Certificación de Playas Limpias y Certificación de Calidad de Playas con base en la Norma Mexicana NMX-AA-120-SCFI2006 (DOF, 2006), para garantizar una mejor gestión y planificación de productos y servicios turísticos con un enfoque ambiental, para permitir el aprovechamiento sostenible de las mismas.

Un criterio de calidad de agua para uso recreativo es una relación cuantificable del indicador de la calidad del agua como es la cantidad de *enterococos, coliformes totales y fecales*, como indicadores de la contaminación de los riesgos potenciales que éstos ocasionan para la salud. Con la finalidad de determinar la calidad del agua de las playas para uso recreativo, se utiliza la cuantificación del número más probable por 100 mililitros del indicador bacteriológico *Enterococcus faecalis*, criterio establecido por Comisión Federal para la Prevención de Riesgos Sanitarios.

En Acapulco, Guerrero, la COFEPRIS con ayuda de la SEMARNAT realizan los estudios tres veces al año, previo a las vacaciones de semana santa, verano, y fin de año. Pero lamentablemente el comité de playas no comunica a tiempo los resultados encontrados o no son considerados como información importante para la sociedad. De ahí la importancia de realizar la investigación de una de las playas de Acapulco, Guerrero como es la Playa Tlacopanocha, que se encuentra frente al zócalo en el centro de la Ciudad.

Es una de las playas mayormente visitada por los turistas en temporadas de vacaciones y la cual tiene un defecto como antecedente: es receptora de aguas residuales y de residuos sólidos provenientes de los restaurantes, hoteles y de la población local. La playa no cumple con las Normas Oficiales Mexicanas de playas limpias.

Se realizó una investigación exploratoria visual analítica, fisicoquímica y bacteriológica, en el año 2019, con el objetivo de evaluar la calidad del agua de mar, relacionando este estudio con 30 entrevistas y aplicación de 100 cuestionarios, para conocer la opinión y percepción de los turistas, si la playa está contaminada o no, aplicando la NOM-001-SEMARNAT-1996 (SEMARNAT-1997) y Norma NMX-AA-120SCFI–2006 (SCFI-2016), para aguas limpias. En la playa Tlacopanocha, se encontraron en forma constante, cantidades altas de: SST, DQO, DBO5, Grasas y Aceites, sobrepasando los límites máximos permisibles, en base la NOM-001-SEMARNAT-1996 (SEMARNAT, 1997).

La calidad bacteriológica del agua de mar sobrepasó los límites mayores de 500 NMP/100 mL de enterococos, en base a la Norma Mexicana NMX-AA-120-SCFI-2006 (2016), encontrándose concentraciones más altas en la época de lluvias a comparación con la época de secas, clasificándola como NO APTA para uso recreativo y con riesgo sanitario. Los turistas perciben a simple vista que la playa Tlacopanocha se encuentra contaminada y esto se reafirmó con los resultados obtenidos en el laboratorio de investigación. Por eso es importante realizar el monitoreo de agua de mar y dar información a la ciudadanía para prevenir las consecuencias del uso del agua de mar contaminada, y prevenir enfermedades por su uso recreativo.

En el capítulo cinco, titulado "Las aguas residuales en la Megalópolis de la Zona Metropolitana del Valle de México", Mónica Gpe. González Yñigo y José Isabel Juan Pérez parten de la premisa de la relevancia del proceso de urbanización y la generación de nuevos fenómenos territoriales, específicamente la megalópolis. Resaltan su carácter dual; siendo por un lado la expresión de la ideología del desarrollo, y por otro, la gran causal del deterioro ambiental, centrando su atención en la situación de las aguas residuales en la zona, y en la necesidad de que, al abordar la manifestación territorial de lo urbano, sea cual sea su escala, es vital conocer los distintos procesos que suceden, así como los componentes que en ellos convergen.

Así mismo reconocen que han surgido nuevos temas cuya incorporación a lo urbano significa su enriquecimiento, específicamente la Megalópolis de la Zona Metropolitana del Valle de México en el siglo XXI se ha convertido en la zona de estudio de diferentes investigaciones debido al crecimiento concéntrico, intensivo y encadenado significativo en el país.

En su recorrido los autores ubican temas característicos que coadyuvan a la generación de la problemática hídrica en la zona, esto mediante la revisión sobre la expansión territorial, su población y su conjunción en dicha problemática ambiental. El primero de estos se centra en la discusión sobre las previsiones de la crisis futura del agua y su conexión con la tendencia de asentamientos urbanos, obligando a los gobiernos a la búsqueda de nuevas formas de gestión del agua.

En este sentido el tópico del manejo hídrico se desarrolla bajo una visión integral y como una posible alternativa para contrarrestar las predicciones climáticas, y la disminución de las implicaciones de las aguas residuales. Por esta razón fue necesario realizar un recuento histórico de las políticas para el manejo del agua y la incorporación de las aguas residuales, resaltando que a pesar de que dicha normativa fue creada a fin de resolver los problemas de contaminación, aún existen diversas afectaciones a los cuerpos de aguas nacionales así como el mal manejo dentro de las ciudades y aún más dentro de la megalópolis, siendo que en esta última es inexistente, razón por la cual realizan el análisis a nivel estatal centrando la atención en las zonas metropolitanas de cada entidad federativa que la conforma.

Los autores plantean la urgencia de trascender los marcos analíticos actuales a fin de adecuar el manejo de los recursos hídricos a la nueva escala megalopolitana mediante la generación de un proceso integral y vinculante entre todos los componentes que la completan ya sea social, económica o ambiental.

Tres aspectos cruzan dicho trabajo. El primero es la necesidad de información a nivel megalopolitano, siendo que esta debe de transcender a la mera representación de datos estatales y apostar por su integración para la generación de escenarios complejos y vinculados con la realidad. El segundo aspecto central es la relación entre la política pública, la ciencia y la sociedad, si bien es cierto que ninguna puede sustituir a la otra, es necesario apostar por la sinergia entre estos factores a fin de coadyuvar en la mejora de la calidad de vida de la población y específicamente en el manejo de las aguas residuales en la Megalópolis de la Zona Metropolitana del Valle de México.

Por último, resaltan la faltan de vinculación de las diferentes escalas territoriales observando problemas de coordinación entre niveles, volviéndose fundamental superar dicha disyuntiva ya que el agua y el agua residual no conocen de fronteras político administrativas.

Finalmente, en el capítulo seis, Guadalupe Olivia Ortega Ramírez presenta una disertación sobre la importancia que tienen los océanos en el planeta Tierra.

La Biósfera o esfera de la vida (como comúnmente se conoce) está conformada por tres componentes: 1) Atmósfera, 2) Litosfera e 3) Hidrósfera. La Hidrósfera comprende a toda la masa de agua contenida en el planeta Tierra (más del 70 por ciento de la superficie terrestre es agua), la cual se encuentra congelada en los glaciares, en forma líquida en los océanos, lagos y ríos, y en forma gaseosa, como vapor de agua, en las nubes.

Los océanos son parte fundamental de la existencia del ser humano en el planeta Tierra, ya que producen la mitad del oxígeno que respiramos, en este gran ecosistema habitan más de 700.000 mil especies marinas. Son fuente de alimento para una gran cantidad de personas en todo el mundo. Nuestra calidad de vida depende de los océanos. Pero estos corren mucho peligro por el impacto que generan nuestras actividades y el cambio climático.

Los residuos sólidos como bolsas de plástico, latas, entre otras cosas, que son desechadas por el ser humano, acaban en los mares y estos terminan siendo alimento para los peces, tortugas o aves, alojándose en su sistema biológico con graves y grandes consecuencias. Pero no todo es residuo solido o calentamiento global, existen otros factores que también afectan a los océanos, como: la pesca ilegal, sobrepesca y el transporte de grandes embarcaciones (que son vistos como basureros flotantes).

Existen tantas razones para cuidar de los océanos: son fuentes de empleo e ingresos para muchas personas y poblaciones alrededor del mundo que viven de la pesca; son los principales reservorios de agua que permiten su ciclo natural; sin mencionar lo más importante que es el hogar de muchas especies marinas. En este sentido, los océanos cuentan con una gran variedad de utilidades como ser regulador natural del clima de la tierra y piedra angular del sistema climático global, por lo tanto, la importancia del océano ya no puede subestimarse.

Se ha considerado al cambio climático como la crisis ambiental de nuestro tiempo. Comprender el papel que juega el clima en los océanos es esencial para mitigar sus impactos, entiéndase que: los océanos son parte fundamental en nuestras vidas. Los océanos ejercen el mayor control del clima al absorber grandes cantidades de energía, desempeñan un papel importante en el ciclo del agua del planeta.

Recientemente, algunos elementos del sistema climático como la temperatura promedio de la superficie de la tierra, de los océanos y la distribución de la precipitación han cambiado aceleradamente, a tal grado que se observan cambios, a este fenómeno se le conocen como cambio climático.

La sensibilidad climática se refiere al coeficiente de proporcionalidad entre la tendencia a largo plazo de la temperatura superficial promedio a nivel global del océano y la atmósfera y la tendencia en el forzamiento radiactivo (diferencia entre la energía recibida y emitida por la Tierra), esta diferencia está modulada por las actividades antropogénicas, es decir, la emisión de dióxido de carbono y otros gases generados por las actividades industriales y el poder radiactivo o poder de calentamiento de cada gas. Es un índice integrado de cómo el sistema Tierra responde a un incremento de gases de efecto invernadero en la atmósfera, y es importante conocerlo con cierta precisión para evaluar las trayectorias del calentamiento global y tomar mediciones de mitigación.

Los océanos y la vida que contienen son fundamentales para el funcionamiento saludable del planeta, ya que suministran la mitad del oxígeno que respiramos y absorben anualmente una gran cantidad de las emisiones antropógenas de dióxido de carbono emitidas a la atmósfera.

Ante esta situación se debe considerar que el cambio climático es uno de los problemas más graves por los que el planeta Tierra pasa, se tiene claro que la flora y fauna, y hasta uno como ser humano estamos perdiendo nuestro hábitat, en otras palabras, con nuestro hogar llamado "planeta Tierra".

CAPÍTULO UNO

SUMINISTRO DE AGUA ENTUBADA Y SANEAMIENTO EN MÉXICO: UNA UNIDAD INSEPARABLE

Montesillo-Cedillo, José Luis

Introducción

El agua fue el origen de la vida, junto con un conjunto de elementos físico-químicos que se autosostenían, se generaban y regeneraban en un sinfín de interrelaciones repulsivas y atractivas.

El agua es el soporte de la vida en el planeta, se lee con frecuencia, pero no es solo ella en sí, sino junto con los demás elementos físico-químicos y sus interrelaciones atrayentes y repulsivas, con lo cual dan forma y contenido a todos los seres vivos y a sus hábitats.

De manera que la conservación de los seres vivos y de sus hábitats precisan de la conservación del agua y de sus relaciones con los demás elementos físico-químicos. Relaciones con los demás elementos físico-químicos esquematizados en el ciclo hídrico. "No obstante lo anterior, la palabra "agua" rara vez aparece en los acuerdos climáticos internacionales, a pesar de que desempeña un papel clave en cuestiones como la seguridad alimentaria, la producción de energía, el desarrollo económico y reducción de la pobreza" (Organización de las Naciones Unidas para la Educación, la Ciencia y la Cultura [UNESCO], 2020, p.iv). Además, "la degradación de los ecosistemas es la causa principal del aumento de los riesgos y fenómenos extremos relacionados con el agua, y reduce la capacidad de aprovechar plenamente el potencial de las Soluciones Basadas en la Naturaleza" (UNESCO, 2018, p.4).

El ciclo hídrico –que a pesar del cambio climático– no se ha roto, garantiza la renovación del agua año con año. La renovación implica agua limpia año con año.

El agua renovable, al igual que todos los elementos físicos de la Tierra, es una cantidad dada o limita, como se escribe con frecuencia.

De acuerdo con estimaciones recientes, la Tierra cuenta con 35 billones de hm^3 de agua dulce (Comisión Nacional de Agua [CONAGUA], 2018, p.206), de los cuales 10.5 billones de hm^3 están disponibles para el consumo humano.

De acuerdo con la Organización de la Naciones Unidas (ONU. 2020), la población mundial asciende a 7 700 millones. Al dividir el agua dulce disponible para consumo humano entre la población mundial se tiene el agua renovable *per cápita*. Así, la disponibilidad es de 1 363 636.36 m^3/persona/año.

Para la población actual hay suficiente agua. Sin embargo, no está disponible de manera homogénea ni en el tiempo ni en el espacio. De ahí que, en algunos lugares y durante uno o unos meses del año, se le considere un bien escaso. En suma, "la escasez material de agua suele ser un fenómeno más estacional que crónico" (UNESCO, 2020, p.1).

México cuenta con "451 585 hm^3/año de agua renovable" (Conagua, 2018, p.33), la cual incluye las exportaciones e importaciones de agua dulce que se desprenden de las cuencas compartidas que tiene con los Estados Unidos de América (tres), Guatemala (cuatro) y Belice (una).

Para el año 2017 el agua renovable *per cápita* en México se estima en 3 656 m^3/hab/día (Conagua, 2018, p.33). No obstante, la disponibilidad *per cápita* varia de estado a estado, y al interior de cada uno de ellos. Aunque es menor en los estados del norte –porque su clima es muy árido y árido (Cerutti, 2013, p.3)–, y los del centro –debido principalmente a la concentración poblacional–. Así, en la figura uno se puede observar la disponibilidad *per cápita* de agua renovable en México y el grado de presión existe sobre el recurso hídrico. El grado de presión sobre el agua se obtiene de la diferencia entre el agua renovable y el agua "extraída".

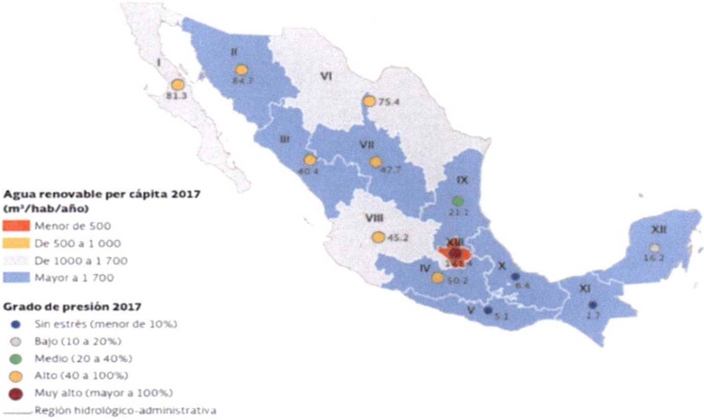

Figura 1. Agua renovable *per cápita* y grado de presión durante 2017 en México.

Fuente: CONAGUA. (2018). Estadísticas del agua en México, p.192.

En relación con el suministro de agua "potable" –entubada– y el saneamiento, en todo el mundo, alrededor de 3 de cada 10 personas, o 2 100 millones de personas, carecen de acceso a agua potable y disponible en el hogar, y 6 de cada 10, o 4 500 millones, carecen de un saneamiento seguro, de acuerdo con un informe de la Organización Mundial de la Salud (OMS, 2017).

En México, de acuerdo con datos de la CONAGUA (2019, p.31), la cobertura de agua potable durante 2015 fue de 94.4 por ciento, y la cobertura de alcantarillado, de 91.4 por ciento. Sin embargo, el Instituto Nacional de Estadística y Geografía (INEGI, 2018, p.2) en su comunicado de prensa 132/18, 20 de marzo de 2018, con base en la Encuesta

Nacional de Hogares 2016, da a conocer que solo el 68 por ciento de los hogares recibe agua diariamente; 13 por ciento cada tercer día; cinco por ciento dos veces por semana; cuatro por ciento una vez por semana; tres por ciento de vez en cuando, y el siete por ciento, no recibe.

La importancia de la cobertura de agua "potable" y el saneamiento son reconocidos por todos los seres humanos, por medio de sus instituciones, como esenciales para potenciar el desarrollo humano y el desarrollo económico.

El saneamiento, cobertura de agua potable y tratamiento de las descargas residuales, potencian el desarrollo humano al liberar tiempo, principalmente de las mujeres, para desarrollar otras actividades que fomenten su libertad, como igualdad de oportunidades (Rowls, 2017).

La cobertura de agua potable estimula el desarrollo económico porque la mayoría de la prestación de servicios y algunas actividades industriales están conectadas al sistema de abastecimiento de agua "potable".

La cobertura de agua "potable" está íntimamente relacionada con los caudales descargados. "El gobierno no puede dedicarse nada más al tema del agua potable, tenemos que verlo todo en conjunto con el saneamiento. Esta es la razón por la cual las Naciones Unidas hablan de derecho humano al agua y saneamiento. No es agua potable nada más. Tenemos que verlo todo junto" (Lichtinger, 2020, p.54).

El suministro de agua "potable" y el saneamiento deben tratarse como una unidad inseparable, porque si la velocidad de saneamiento del agua, sea natural o por el ser humano, es menor a la extracción, disminuye el agua disponible, de ahí que a pesar del ciclo hídrico se considere que el agua es un bien y servicio finito.

El objetivo del presente trabajo de investigación es analizar la relación entre la cobertura de agua "potable" a la población y su relación con el caudal de aguas tratadas municipales al nivel estatal en México.

Suministro de agua y saneamiento en los objetivos de la agenda 2030

El objetivo 1 de la agenda 2030 es poner fin a la pobreza en todas sus formas en todas partes; el 2, poner fin al hambre, lograr la seguridad alimentaria y la mejora de la nutrición y promover la agricultura sostenible; el 5, lograr la igualdad de género y empoderar a todas las mujeres y las niñas; el 6, garantizar la disponibilidad y la gestión sostenible del agua y el saneamiento para todos; el 8, promover el crecimiento económico sostenido, inclusivo y sostenible, el empleo pleno y productivo, y el trabajo decente para todos; el 11, lograr que las ciudades y los asentamientos humanos sean inclusivos, resiliente y sostenibles (ONU, 2019).

El abastecimiento de agua y el saneamiento están relacionados con todos los Objetivos de Desarrollo Sustentable (ODS) de la Agenda 2030, aunque se mencionaron solos que están "directamente" relacionados con ella.

El Plan Nacional de Desarrollo (PND) de México 2018-2024 está conformado por tres ejes generales y tres ejes transversales; 30 objetivos particulares; 187 estrategias, y 59 indicadores (CONAGUA, 2019a, p.3).

De los 30 objetivos particulares del PND, 13 están relacionados con el agua. El objetivo 1.3 está dirigido a garantizar los derechos humanos, cuyas estrategias son diseñar políticas para garantizar dichos derechos humanos en lo referente al agua y al saneamiento (CONAGUA, 2019a, p.4).

El objetivo 2.2 referente al derecho a la educación, cuya estrategia está dirigida a la infraestructura básica para garantizar agua y saneamiento en las escuelas (CONAGUA, 2019a, p.4).

El objetivo 2.5, relacionado con el medio ambiente sano, con estrategias para proteger los ecosistemas, aprovechar los recursos naturales y control de la contaminación, para la calidad del agua y ecosistemas. Por su parte, el objetivo 2.6, acceso incluyente al agua y saneamiento con salud de ecosistemas y cuencas, con estrategias en la inversión en infraestructura, investigación y uso eficiente, prevención de la contaminación, garantizar el acceso al agua potable, mejorar la infraestructura hidráulica e integridad de los ecosistemas, cuyos temas son agua, saneamiento y equilibrio en cuencas y acuíferos (CONAGUA, 2019a, p.4).

El objetivo 2.7, vivienda adecuada y accesible con la estrategia acceso a los servicios básicos, cuyos temas son servicios básicos de agua y saneamiento (CONAGUA, 2019a, p.5).

El objetivo 2.8, ordenamiento territorial y ecológico con estrategias dirigidas a los servicios básicos con enfoque de hábitat, cuyos temas son infraestructura de servicios básicos con enfoque de un hábitat inclusivo (CONAGUA, 2019a, p.5).

El objetivo 3.5, favorecer la inversión pública y privada con estrategia para promover la apertura económica con la finalidad de propiciar la inversión en infraestructura de agua y saneamiento (CONAGUA, 2019a, p.5).

En el PND el agua es considerada en el eje general 2, bienestar, cuyo objetivo 2.6 busca promover y garantizar el acceso incluyente al agua potable en calidad y cantidad y saneamiento, prioriza a los grupos históricamente discriminados, mediante la procuración de la salud de los ecosistemas y las cuencas. Sus indicadores 2.6.1 y 2.6.2, son la proporción de la población total que tiene acceso al agua entubada diariamente, así como el saneamiento básico, y estrés hídrico, respectivamente. Estos indicadores están estrechamente vinculados con los ODS 1.4.1, 6.1.1, 6.2.1 y 6.4.2 (CONAGUA, 2019a, p.6).

El indicador 2.6.1 del Programa Nacional Hídrico (PNH 2019-2024) en 2018 es del 62.1% y se espera que, para el final del sexenio, 2024, sea de 64.0%. Dicho incremento de 2.0% representa 6.7 millones de personas con servicio de agua diariamente y saneamiento básico. El saneamiento básico implica excusado exclusivo y conexión a la red de drenaje o fosa séptica (CONAGUA, 2019a, p.7).

En relación con el indicador 2.6.2, estrés hídrico, se espera que al final del sexenio, 2024, se reduzca la extracción de agua en 4 560 millones de m^3 (CONAGUA, 2019a, p.8).

El objetivo 4, y estrategias: 4.1, incrementar el tratamiento de las aguas residuales en los centros de población; 4.2, incrementar el tratamiento de las aguas residuales de la industria; 4.3, actualizar y aplicar la normatividad en materia de contaminación del agua; 4.4, asegurar que se tome en cuenta la interrelación agua, bosque, suelo y biodiversidad y, 4.5, reducir la contaminación difusa (CONAGUA, 2019a, p.23).

El objetivo 6 del PNH, en su estrategia 6.2 busca actualizar el marco normativo para garantizar los derechos humanos y la adecuada gestión del agua (CONAGUA, 2019a, p.25) y, el 6.3, fortalecer la participación de organizaciones sociales, de usuarios y académicos en la administración y preservación, educación y cultura del agua.

De acuerdo con lo anterior, es claro el reconocimiento que hacen tanto instituciones mundiales como nacionales a la importancia que tiene el suministro de agua –para todas las actividades humanas, las cuales incluyen los hábitats– y su correspondiente saneamiento en todos los estratos sociales y zonas urbanas y rurales.

Beneficios del suministro de agua "potable" y del tratamiento de sus descargas

En el presente apartado se indicarán los beneficios puntuales o aislados –no las interrelaciones entre ellos– que traen consigo el suministro y el tratamiento de las aguas residuales. Cabe destacar que ambos, suministro de agua y tratamiento de las descargas, contribuyen al saneamiento básico en un principio.

Por saneamiento básico, de acuerdo con la Organización Mundial de la Salud (OMS, 2019) se entiende "«servicios de saneamiento gestionados de manera segura», es decir, el uso de instalaciones de saneamiento mejoradas no compartidas con otros hogares en las que los excrementos se tratan *in situ* de manera segura o bien se transportan y se tratan en otro lugar". Así, el saneamiento básico implica excusado exclusivo y conexión a la red de drenaje o fosa séptica (CONAGUA, 2019a, p.7), con lo cual se garantiza un entorno sustentable en los habitantes, y garantiza a la población la reducción del riesgo de contraer enfermedades hídricas y asegura la sustentabilidad en la zona.

Con el saneamiento, mediante el suministro de agua y el tratamiento de las descargas, se contribuye a la "justicia hídrica que considera la reinterpretación de las preocupaciones morales sobre los derechos humanos al agua y saneamiento, como son: la justicia intergeneracional, el derecho de los pueblos indígenas y los impactos a la salud por la contaminación de los cuerpos de agua" (Pedrozo, 2020, p.146).

De acuerdo con la UNESCO (2020, p.6) mejorar y aumentar el tratamiento de las aguas residuales permite reducir los efectos del cambio climático por medio de la reducción de materia orgánica, la cual es fuente de gases de efecto invernadero. Además, la reutilización de las aguas tratadas reduce la demanda de energía en extracciones de agua de primer uso, y el biogás que se produce por tratamiento se puede utilizar para alimentar a la propia planta. También, las aguas tratadas pueden utilizarse para recuperar cuerpos de agua, con lo cual se puede reducir el estrés hídrico.

De acuerdo con la OMS (2019) el agua accesible es relevante para la salud pública y para todas las actividades humanas. "La mejora del abastecimiento de agua, del saneamiento y de la gestión de los recursos hídricos puede impulsar el crecimiento económico de los países y contribuir en gran medida a la reducción de la pobreza" (OMS, 2019). Además, "el agua contaminada y el saneamiento deficiente están relacionados con la transmisión de enfermedades como el cólera, otras diarreas, la disentería, la hepatitis A, la fiebre tifoidea y la poliomielitis. Los servicios de agua y saneamiento inexistentes, insuficientes o gestionados de forma inapropiada exponen a la población a riesgos prevenibles para su salud" (OMS, 2019). De manera que "aumentar el acceso al agua potable, el saneamiento y la higiene puede salvar millones de vidas al año y mejorar la asistencia escolar" (ONU, 2019, p.3).

El suministro de agua y el saneamiento adecuados reducen la pobreza, fomentan el crecimiento económico, reducen las infecciones como la diarrea y permite o facilita a todas las personas alcanzar su máximo potencial (Banco Mundial, [BM], 2020).

El tratamiento de las descargas, puede reducir la ingesta de agua contaminada químicamente (OMS, 2019). "Sin embargo, en consonancia con el plan para la seguridad del agua basado en el principio de control de contaminantes en la fuente, sería apropiado tratar de mejorar los métodos de tratamiento de aguas residuales con el fin de suprimir la principal vía de entrada en el medio acuático los productos farmacéuticos y otros preocupantes contaminantes potenciales" (World Health Organization [WHO], p.ix).

En suma, de acuerdo con la OMS (2019), el saneamiento trae consigo los siguientes beneficios:

1. Reducción del riesgo de diarrea.
2. Disminuye la propagación de lombrices intestinales.
3. Reduce la presencia de esquistosomiasis y el tracoma.
4. Reduce la desnutrición.
5. Incrementa la dignidad y la seguridad, especialmente entre las mujeres y las niñas.
6. Reduce el ausentismo y la deserción escolar.
7. Recupera agua.
8. Genera energía renovable.
9. Recupera nutrientes de los desechos fecales.

Además, las "aguas residuales se consideran cada vez más como un recurso que proporciona agua y nutrientes seguros para la producción de alimentos con el fin de alimentar a las crecientes poblaciones urbanas" (OMS, 2019).

Los beneficios monetarios, por supuesto que no son todos, que trae consigo el saneamiento fue estimado por la OMS (2019), en 5.50 dólares por cada dólar invertido en dicho rubro. Además, "El gasto en la recuperación de desastres es casi nueve veces mayor que el que se hace en su prevención" (WEF, 2019, p.59); desastres como inundaciones, sequías, etcétera.

Saneamiento y escenarios futuros

La UN (Organización de la Naciones Unidas, por sus siglas en inglés, 2019) por medio del Departamen of Economics and Social Affairs estima que la población mundial en el 2020 es del orden de 7 794 799, y estima que para el 2030, será de 8 548 487 habitantes, con tendencia a la baja y un mayor crecimiento en los países en vías de desarrollo.

En 2017, "785 millones de personas aún no cuentan con servicios básicos de agua potable; para el año 2030, 700 millones de personas podrían se desplazadas por una escasez intensa, y 2 mil millones de personas viven en países que sufren alto estrés por escasez de agua" (ONU, 2019, p.9). "De aquí a 2025, la mitad de la población mundial vivirá en zonas con escasez de agua" (OMS, 2019). Por su parte, la UNESCO (2018, p.v) estima que para el 2050 la demanda de agua aumentará un tercio.

En relación con las descargas, se estima que más del 80% del agua residual (global) se vierte en el medioambiente sin ser tratada (UNESCO, 2020, p.6). Lo cual se espera reducir con base en los ODS 2030. Por otro lado, "no existen muchos datos fiables al respecto, pero las estimaciones apuntan a que hasta el 90% de las aguas residuales en los países en desarrollo se vierten parcialmente tratadas o sin tratar directamente a ríos, lagos u océanos" (OMS, 2019).

En relación con México, de acuerdo con el Consejo Nacional de Población (CONAPO, 2015) para el 2030 la población mexicana se habrá incrementado en 13.9 millones; el 78.3 por ciento estará asentada en localidades urbanas, es decir, en poblaciones con más 2 500 habitantes.

El agua renovable *per cápita* de 2017 al 2030 pasará de 3 656 m^3/hab/año a 3 285 m^3/hab/año (CONAGUA, 2018, p.190), lo cual representará una reducción de 10.15%.

La prospectiva para México en lo referente al agua renovable *per cápita* y grado de presión se presentan en las Ilustraciones dos y tres.

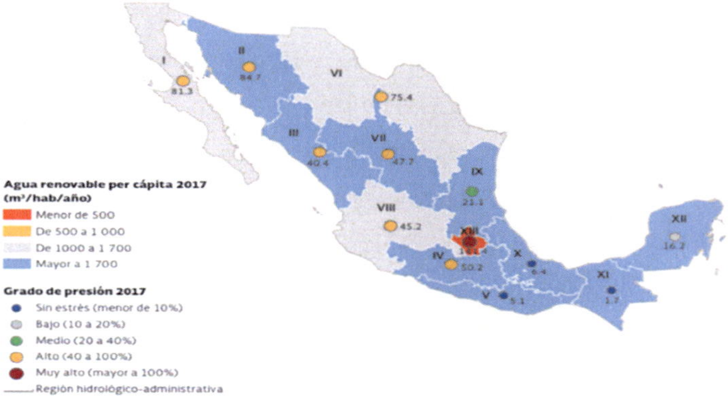

Ilustración 2. Agua renovable y grado de presión 2017.

Fuente: CONAGUA. (2018). Estadísticas del agua en México, p.192.

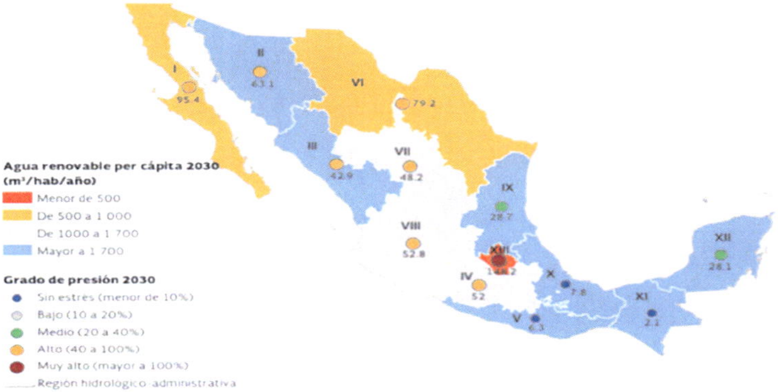

Ilustración 3. Agua renovable y grado de presión 2030.

Fuente: CONAGUA. (2018). Estadísticas del agua en México, p.192.

La CONAGUA (2018, p.209) estima que para el siglo XXI se reduzca tanto el agua superficial como la subterránea, por lo que aumentará la competencia entre los diversos usuarios. Sin embargo, es preciso aclara que el volumen de agua no se reducirá, sino que, debido al crecimiento poblacional, el agua renovable per cápita será menor, tal y como ya se apuntó líneas arriba.

No obstante, a los ODS 2030 la situación de la humanidad, y de sus hábitats, en relación con el agua tenderán a no mejorar. “Una gama de factores diversos amenazan con llevar a las megaciudades al “día cero del agua”, en el que los grifos se secarán” (WEF, 2019, p.71).

El futuro que proyectan las instituciones citadas, pasó por alto los retornos económicos que trae consigo el saneamiento. Porque el futuro podría ser menos pesimista si se aplican la ciencia y la tecnología en la recuperación de los hábitats y, por consiguiente, del agua para el desarrollo humano y el desarrollo económico.

Suministro de agua y tratamiento de las descargas de aguas residuales municipales en México

En México, de acuerdo con la Constitución Política de los Estados Unidos Mexicanos (CPEUM), artículo 115, fracción tercera, inciso *a*, las funciones y servicios públicos de agua potable, drenaje, alcantarillado, tratamiento y disposición de aguas residuales están al cargo de los municipios, "generalmente a través de organismos operadores" (Conagua, 2018, p.85). Sin embargo, por los resultados obtenidos durante los últimos años, "los municipios no cuentan con las capacidades instaladas para administrar y resolver los problemas de agua y saneamiento" (Senado de la República, 2020, p.13).

El saneamiento en México, y en el mundo, con base en "la Observación General Número 15 del Comité de Derechos Económicos, Sociales y Culturales de las Naciones Unidas (Comité DESC) señala en su parte introductoria que el agua es un recurso natural limitado y un bien público fundamental para la vida y la salud" (Comisión Nacional de los Derechos Humanos [CNDH], 2014, p.3). Sin embargo, desde el año 2010, "la Asamblea General de las Naciones Unidas reconoció que el acceso al agua potable salubre y limpia y al saneamiento es un derecho humano" (OMS, 2019). Es un derecho humano, porque el "agua es indispensable para vivir dignamente y es condición previa para la realización de otros derechos humanos" (CNDH, 2014, p.3). Cabe destacar que dicho derecho está garantizado en el artículo cuarto de la CPEUM.

En México, los usos agrupados consuntivos en 2017 utilizaron 87.84 km^3 de agua, de los cuales el 14.4% (CONAGUA, 2018, p.74) se destinó al uso agrupado abastecimiento público. El cual, "incluye la totalidad del agua entregada a través de redes de agua potable, tanto a usuarios domésticos como a industrias y servicios conectados a dichas redes" (Sistema de Nacional de Información del Agua [SINA], 2019).

En 2015 el 95.3% de la población total contaba con acceso a agua entubada; 97.8% urbana y, 87.0% rural. En tanto que la cobertura de agua entuba en la vivienda o predio fue de 94.4%; 97.2% urbana y, 85.0% rural (CONAGUA, 2018, p.113).

En relación con el drenaje de las aguas residuales debemos considerar las dos situaciones siguientes: 1) cobertura nacional de acceso a los servicios de alcantarillado y saneamiento básico, el cual "considera la población con drenaje conectado a la red pública, a fosa séptica o con desagüe a suelo, barranca, grieta, rio, lago o mar (CONAGUA, 2018, p.115), y 2) solo la cobertura de alcantarillado a la red público o fosa séptica.

Para 2015, "la cobertura nacional de acceso a los servicios de alcantarillado y saneamiento básico era de 92.8% (97.4% urbana, 77.5% rural), en tanto que la cobertura nacional de alcantarillado a red pública o fosa séptica era de 91.4% (96.6% urbana, 74.2% rural)" (CONAGUA, 2018, p.116).

Tanto la cobertura de agua entubada y los servicios de alcantarillado y saneamiento básico son menores en las comunidades rurales, y cabe destacar que "las personas que viven en estados vulnerables tienen un riesgo dos veces mayor de carecer de saneamiento básico y aproximadamente cuatro veces mayor de carecer de servicios básicos de agua potable que las personas en situaciones no vulnerables" (ONU, 2019, p.3).

En 2015 la población total de México fue de 119.47 millones; de los cuales 113.86 contaban con cobertura de agua entubada, y 110.89 millones con los servicios de alcantarillado y saneamiento básico, de acuerdo con datos del SINA (2019).

Las descargas de las aguas residuales de los núcleos de población tanto urbanos como rurales se recolectan en los sistemas de alcantarillado y se denominan aguas residuales municipales. Las descargas no municipales son las realizadas por la industria autoabastecida (CONAGUA, 2018, p.125).

En la tabla 1 se presentan las descargas residuales municipales recolectadas en alcantarillado y el volumen tratado. Cabe destacar que la diferencia entre las aguas residuales municipales y las recolectadas en alcantarillado se va a barrancas, suelo, grietas, cuerpos de agua o mar.

Tabla 1. Descargas de agua residuales municipales (centros urbanos), 2017.

	Volumen	
Aguas residuales municipales	7.41	miles de hm^3/año (234.9 m^3/s)
Recolectadas en alcantarillado	6.79	miles de hm^3/año (234.9 m^3/s)
Tratadas	4.28	miles de hm^3/año (234.9 m^3/s)

Fuente: CONAGUA. (2018). Estadísticas del agua en México, p.125.

Las descargas tratadas representan 63.03% del total recolectado en alcantarillado. El resto sigue contaminando las aguas superficiales y subterráneas. Si bien, el agua servida para consumo humano es potabilizada y se toman muestras permanentemente de dicha agua por medio de la Red Nacional de Monitoreo. Es necesario tener presente que, en la fuente de abastecimiento

> Aunque sea agua que no ha sido potabilizada, creo es interesante saber que, en el año 2018, en estas fuentes de abastecimiento, el 99 por ciento de las muestras realizadas en fuentes subterráneas contenían coliformes fecales; el 21 por ciento fluoruros y el 19 por ciento arsénico, entre otros parámetros. Son una minoría los organismos operadores que publican la calidad del agua que suministran una vez potabilizada. (Martínez, L. 2020, p.47)

De aquí se desprende la imperante necesidad de tratar todas las descargas municipales y no municipales (no abordas en el presente trabajo), y suspender las descargas a ríos, suelo, lagos, barrancas, mar, etcétera. Además, toda vez que los retornos financieros son de 5.5 a 1, no existe justificación, por lo menos financiera, para no hacerlo y así, mitigar los efectos catastróficos en los años venideros, ya citados líneas arriba.

Suministro de agua y descargas residuales municipales tratadas al nivel estatal en México

El aumento del uso de agua en el mundo ha venido creciendo alrededor de 1% anual (UNESCO, 2018, p.11). En México, lo ha hecho a razón 1.12% promedio anual durante los últimos diez años, tal y como se puede observar en la tabla dos. Aunque cabe destacar, que la mayor fuente de abastecimiento ha sido subterránea.

Tabla 2. Volumen concesionado para usos consuntivos por tipo de fuente, 2008-2017 (miles de hm^3).

Año	Subterránea	Superficial	Total	Subterránea Tasa de variación anual *	Superficial Tasa de variación anual *	Total Tasa de variación anual *
2008	29.53	50.22	79.75			
2009	30.11	50.48	80.59	1.96	0.52	1.05
2010	30.2	50.01	80.21	0.30	-0.93	-0.47
2011	30.61	50.97	81.58	1.36	1.92	1.71
2012	31.78	50.95	82.73	3.82	-0.04	1.41
2013	30.37	51.28	81.65	-4.44	0.65	-1.31
2014	32.91	52.02	84.93	8.36	1.44	4.02
2015	33.31	52.35	85.66	1.22	0.63	0.86

Año	Subterránea	Superficial	Total	Subterránea Tasa de variación anual *	Superficial Tasa de variación anual *	Total Tasa de variación anual *
2016	33.82	57.76	91.58	1.53	10.33	6.91
2017	34.39	53.45	87.84	1.69	-7.46	-4.08
Tasa de crecimiento promedio anual	1	1	1	1.76	0.78	1.12

Nota: * elaboración propia con base en los datos de las columnas uno, dos y tres.

Fuente: Conagua. (2018). Estadísticas del agua en México, p.77.

La evolución del volumen concesionado de uso agrupado abastecimiento público por tipo de fuente, 2008-2017 (miles de hm^3) se presenta en la tabla tres. Cabe destacar que la tasa de crecimiento promedio anual durante los últimos diez años ha sido de 1.39%; la mayor fuente de abastecimiento ha sido superficial y ha registrado una tasa de crecimiento promedio anual de 2.63%.

Tabla 3. Evolución del volumen concesionado de uso agrupado abastecimiento público por tipo de fuente, 2008-2017.

Año	Subterránea (miles de hm^3)	Superficial (miles de hm^3)	Total (miles de hm^3)	Subterránea Tasa de variación anual *	Superficial Tasa de variación anual *	Total Tasa de variación anual *
2008	6.96	4.24	11.20			
2009	7.09	4.31	11.40	1.87	1.65	1.79

Año	Subterránea (miles de hm^3)	Superficial (miles de hm^3)	Total (miles de hm^3)	Subterránea Tasa de variación anual *	Superficial Tasa de variación anual *	Total Tasa de variación anual *
2010	7.11	4.33	11.44	0.28	0.46	0.35
2011	7.15	5.03	12.18	0.56	16.17	6.47
2012	7.28	4.7	11.98	1.82	-6.56	-1.64
2013	7.22	4.74	11.96	-0.82	0.85	-0.17
2014	7.29	4.76	12.05	0.97	0.42	0.75
2015	7.32	5.16	12.48	0.41	8.40	3.57
2016	7.36	5.22	12.58	0.55	1.16	0.80
2017	7.38	5.28	12.66	0.27	1.15	0.64
Tasa de crecimiento promedio anual				0.66	2.63	1.39

Nota: * elaboración propia con base en los datos de las columnas uno, dos y tres.

Fuente: CONAGUA. (2018). Estadísticas del agua en México, p.85.

En la tabla cuatro se presenta la evolución de las aguas residuales municipales tratadas durante la última década, y destaca que su tasa de crecimiento promedio anual fue de 5.54%.

Tabla 4. Caudal de aguas residuales municipales tratadas, 2017.

Año	Caudal tratado (m^3/s)	Tasa de variación anual *
2008	83.64	
2009	88.13	5.37
2010	93.60	6.21

Año	Caudal tratado (m^3/s)	Tasa de variación anual *
2011	97.64	4.32
2012	99.75	2.16
2013	105.94	6.21
2014	111.25	5.01
2015	120.90	8.67
2016	123.59	2.22
2017	135.58	9.70
Tasa de crecimiento promedio anual		5.54

Nota: * elaboración propia con base en los datos de la columna uno.

Fuente: CONAGUA. (2018). Estadísticas del agua en México, p.126.

Si bien las descargas tratadas representan 63.03% del total recolectado en alcantarillado, como ya se apuntó, el caudal tratado de aguas residuales municipales respecto del volumen concesionado de uso agrupado abastecimiento público apenas representó el 33.81% en el año 2017, tal y como se puede observar en la tabla cinco.

Tabla 5. Relación del caudal de aguas residuales municipales tratadas respecto del volumen concesionado de uso agrupado abastecimiento público, 2018-2017.

Año	Volumen concesionado de uso agrupado abastecimiento público (miles de hm³)	Caudal de aguas residuales municipales tratadas (miles de hm³)	Porcentaje de aguas residuales municipales tratadas respecto del volumen concesionado de uso agrupado abastecimiento público*
2008	11.20	2.64	23.57
2009	11.40	2.78	24.39
2010	11.44	2.95	25.79
2011	12.18	3.10	25.45
2012	11.98	3.14	26.21
2013	11.96	3.34	27.93
2014	12.05	3.51	29.13
2015	12.48	3.81	30.53
2016	12.58	3.89	30.92
2017	12.66	4.28	33.81

Nota: * elaboración propia con base en los datos de las columnas uno y dos.

Fuente: elaboración propia con base en los datos de las tablas tres y cuatro.

En relación con las aguas residuales municipales tratadas, el panorama al nivel nacional no es nada alentador. Sin embargo, como es sabido, los promedios pueden ocultar grandes diferencias, de ahí que resulte indispensable tratar la situación al nivel estatal, en un primer momento, como en este caso.

Las entidades federativas de la República Mexicana tienen marcados contrastes en lo referente a disponibilidad de agua renovable promedio anual, población, economía y saneamiento, entre otros factores. De ahí que la cobertura de agua entubada y tratamiento de las descargas municipales no sean homogénea. Aunque sea marcadamente inferior en los estados del sur donde, paradójicamente, tienen la mayor disponibilidad de agua renovable promedio anual y no padecen estrés hídrico, ni padecerán en el 2030, como ya se apuntó y se puede observar en las ilustraciones dos y tres.

En la tabla seis se puede observar que los estados que cuentan con la menor disponibilidad de agua renovable promedio anual y la menor disponibilidad *per cápita* en 2019 –y será aún menor para el 2030–, registran la mayor dotación de agua potable en litros habitante día. De entre ellos destacan: Ciudad de México, Aguas Calientes, Nuevo León, Coahuila, Baja California Sur y Baja California.

Los estados que cuentan con la mayor disponibilidad de agua renovable promedio anual y la mayor disponibilidad *per cápita* en 2019, registran la menor dotación de agua potable en litros habitante día. Así, destacan: Oaxaca, Guerrero, Veracruz, Chiapas y Campeche.

De esta situación descrita en los párrafos anteriores se comprueba la paradoja descrita líneas arriba respecto de que los estados con mayor disponibilidad de agua renovable, son los que tienen las menores dotaciones de agua potable y, por lo tanto, las menores coberturas de agua, como se puede constatar en la ilustración cuatro.

Tabla 6. Agua renovable promedio anual, agua renovable promedio anual *per cápita* durante 2019 y 2030, y dotación de agua potable en las entidades federativas de México

Entidad Federativa	Agua renovable promedio anual (hm^3/año)	Agua renovable promedio anual *per cápita*. 2019 (m^3/hab/año)	Agua renovable promedio anual *per cápita*, 2030 (hm^3/año)	Dotación AP, 2018 (l/hab/día) *
Aguascalientes	536	396	356	98.50
Baja California	3,045	827	730	96.10
Baja California Sur	1,235	1,443	1,116	96.50
Campeche	5,815	6,046	5,293	84.40
Coahuila	3,457	1,116	1,009	97.00
Colima	2,159	2,799	2,423	98.90
Chiapas	113,557	20,619	18,527	84.40
Chihuahua	11,759	3,054	2,815	92.90
Ciudad de México	644	73	76	98.50
Durango	12,594	6,874	6,350	91.20
Guanajuato	3,886	648	611	92.70
Guerrero	20,972	5,759	5,560	77.10
Hidalgo	7,475	2,481	2,245	89.40
Jalisco	15,951	1,926	1,752	97.40
México	4,786	268	237	93.70
Michoacán	12,633	2,679	2,547	89.30
Morelos	1,848	920	831	95.70
Nayarit	6,660	5,075	4,311	93.40
Nuevo León	4,448	828	729	97.60
Oaxaca	55,901	13,612	13,020	71.80
Puebla	11,382	1,771	1,639	88.80
Querétaro	1,940	915	807	94.60
Quintana Roo	1,741	993	780	95.90
San Luis Potosí	10,862	3,815	3,555	85.20
Sinaloa	9,903	3,212	2,998	92.80
Sonora	7,154	2,316	2,058	91.70

Entidad Federativa	Agua renovable promedio anual (hm^3/año)	Agua renovable promedio anual *per cápita*. 2019 (m^3/hab/año)	Agua renovable promedio anual *per cápita*, 2030 (hm^3/año)	Dotación AP, 2018 (l/hab/día) *
Tabasco	31,941	12,897	11,885	95.50
Tamaulipas	8,962	2,423	2,202	91.10
Tlaxcala	868	644	572	95.50
Veracruz	51,640	6,240	5,880	84.30
Yucatán	21,813	9,799	8,714	86.50
Zacatecas	4,016	2,474	2,327	92.40
Total	451,585	3,586	1,642	91.40

FUENTE: CONAGUA. 2019. Subdirección General de Administración del Agua. Elaborado con base en datos de: Subdirección General Técnica. CONAPO. Proyecciones de población 2010-2030. Recuperado de http://sina.conagua.gob.mx/sina/tema.php?tema=aguaRenovable&n=estatal

*Fuente: CONAGUA. (2019). Situación del Subsector Agua Potable, Alcantarillado y Saneamiento. Edición-2020, p.118. Recuperado de https://www.gob.mx/cms/uploads/attachment/file/554702/DSAPAS_1-20.pdf

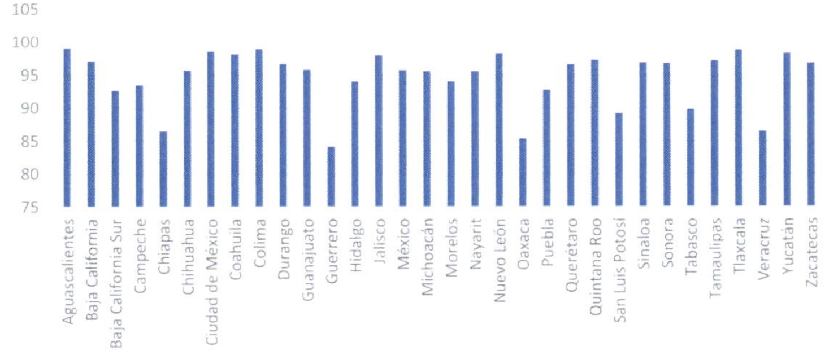

Ilustración 4. Cobertura de servicio de agua potable por entidad federativa, porcentajes, 2015.

Fuente: elaboración propia con base en datos de CONAGUA (2019). Situación del Subsector Agua Potable, Alcantarillado y Saneamiento. Edición-2020, p.31.

En la tabla siete se presenta el agua suministrada, el caudal tratado de aguas residuales municipales y la relación entre ellas para el año 2015 por entidad federativa de los Estados Unidos Mexicanos. Cabe destacar:

1. Ninguna entidad federativa trata el 100% de sus descargas municipales respecto del agua suministrada.
2. Nuevo León es la entidad federativa que trata el mayor porcentaje de sus descargas de aguas residuales municipales, respecto del agua suministrada, 81.83%.
3. Yucatán es la entidad federativa que trata el menor porcentaje de sus descargas de aguas residuales municipales, respecto del agua suministrada, 3.36%.
4. 23 entidades federativas tratan menos del 50% de sus descargas municipales, respecto del agua suministrada.
5. Siete entidades federativas tratan más del 50% de sus descargas municipales, respecto del agua suministrada.
6. Las entidades federativas que registran el menor porcentaje de sus descargas de aguas residuales municipales tratadas, respecto del agua suministrada, son las que registran la mayor disponibilidad *per cápita* de agua renovable promedio anual.

En términos generales, las entidades federativas que registran el menor porcentaje de caudal tratado de sus descargas municipales, respecto del agua suministrada, son las que registran los mayores índices de pobreza y marginación, y debemos tener presente que:

> La pobreza es una gran depredadora, deviene en actividades como la tala ilegal, la siembra no regulada y la extracción también no regulada de recursos naturales. Es importante mencionar la ausencia de gestión de residuos. La mayor parte de los sistemas de gestión de residuos, situados en estos lugares tiene que ver con ríos, cañadas, y como se mencionó en el foro de hoy, también con los cenotes. (Quiroga, F. J. 2020, p.137)

Tabla 7. Agua suministrada, caudal tratado de aguas residuales municipales y la relación entre ambas por entidad federativa, 2015.

Entidad federativa	Agua suministrada (litros por segundo), 2015	Caudal tratado de aguas residuales municipales (litros por segundo), 2015	Porcentaje de caudal tratado de aguas residuales municipales respecto del agua suministrada, 2015 *
Aguascalientes	4009	2983	74.41
Baja California	9268	5978	64.50
Baja California Sur	3445	1626	47.20
Campeche	3386	143	4.22
Chiapas	9095	1344	14.78
Chihuahua	13248	7032	53.08
Ciudad de México	35000	15441	44.12

Entidad federativa	Agua suministrada (litros por segundo), 2015	Agua suministrada (litros por segundo), 2015	Porcentaje de caudal tratado de aguas residuales municipales respecto del agua suministrada, 2015 *
Coahuila	10784	4516	41.88
Colima	3745	1740	46.46
Durango	4584	3496	76.27
Guanajuato	11784	5221	44.31
Guerrero	8687	3755	43.23
Hidalgo	4321	484	11.20
Jalisco	21355	12346	57.81
México	48582	15060	31.00
Michoacán	12600	3175	25.20
Morelos	10526	1276	12.12
Nayarit	3125	2510	80.32
Nuevo León	15386	12590	81.83
Oaxaca	5140	1291	25.12
Puebla	10139	3593	35.44
Querétaro	5112	1892	37.01
Quintana Roo	5316	1780	33.48
San Luis Potosí	6019	2101	34.91
Sinaloa	10858	5837	53.76
Sonora	15454	6116	39.58
Tabasco	12497	2665	21.33
Tamaulipas	8907	4096	45.99
Tlaxcala	2609	1050	40.25
Veracruz	22259	4712	21.17
Yucatán	6876	231	3.36
Zacatecas	3997	1616	40.43
Nacional	348113	137699	39.56

Nota: * elaboración propia con base en los datos de las columnas primera y segunda.

Fuente: CONAGUA. (2019). Situación del subsector agua potable, alcantarillado y saneamiento. Edición-2019, p. 57, y p.71.

De lo anterior, se desprende la necesidad de generar capacidad de gestión comunitaria del saneamiento, sobre todo en las comunidades rurales, porque como comenta Mesta (2020, p.61) "necesitamos definir áreas de oportunidad para la gestión comunitaria porque hay cosas que, como ya se mencionó, no las puede ver el Estado. Además, Rivera *et al.*, (2018, p.113) consideran que el tratamiento de las aguas residuales debe responder al contexto, características y necesidades de cada lugar. Porque el tratamiento se centraliza en zonas urbanas; para el caso de Zacatecas, México, hallaron que solo el 53% de las plantas operan y el resto presentan problemas, debido, dicen, a la incapacidad financiera de los municipios, tal y como ya se apuntó líneas arriba.

De acuerdo con los escenarios futuros respecto de la disponibilidad de agua renovable promedio anual *per cápita*, a los efectos negativos que tiene para la salud la falta de saneamiento, a los retornos de 5.5 a uno de la inversión en saneamiento, a los costos de nueve a uno respecto de la prevención en relación con los costos de reparación de un desastre natural, y a los efectos de empobrecimiento económico y humano que traen consigo el no contar con suministro de agua ni saneamiento, no debe quedar lugar a duda la imperante necesidad de tratar el 100% de las descargas de aguas residuales municipales.

No tratar las descargas de aguas residuales municipales incrementará la escasez por la mala calidad del agua dulce, reducirá su utilidad y pondrá en riesgo la salud humana y la calidad del ambiente para las presentes y futuras generaciones.

En suma, el no tratamiento de las descargas de aguas residuales municipales contamina las fuentes de suministro –sean superficiales o subterráneas– con lo cual se reduce la disponibilidad de agua dulce, aumenta los costos de suministro (por los costos de potabilización) y puede aumentar el estrés hídrico.

Conclusiones

Nunca estará de más insistir en que el agua fue el origen de la vida, y que el agua dulce soporta los hábitats de todos los seres vivos de la Tierra mediante su interrelación con el resto de elementos físico-químicos, porque no es solo el agua en sí.

Si bien es cierto que el agua dulce es un elemento constante y, por ello, limitado, al igual que la Tierra misma, también es cierto que dicha cantidad constante de agua dulce es más que suficiente para garantizar la vida en el planeta, aunque su disponibilidad no sea homogénea en el espacio y tiempo.

La no homogeneidad del agua dulce en el espacio tiempo en la Tierra propicia "escasez" temporal, al menos un mes en todos los países del mundo.

El suministro de agua "potable" y saneamiento a la población potencia el desarrollo humano y el desarrollo económico, al reducir la presencia de enfermedades hídricas, aumentar la asistencia escolar, reducir la deserción escolar y reducir el tiempo destinado para allegarse de agua.

Debido al aumento de la población, tanto en el mundo como en México, se espera menor disponibilidad de agua renovable promedio anual *per cápita*.

En México, las entidades federativas que registran la mayor disponibilidad de agua renovable promedio anual, tienen las menores cuberturas de agua "potable", y el menor volumen de tratamiento de aguas residuales municipales.

Ninguna entidad federativa de México trata el 100% de sus descargas de aguas residuales municipales, respecto del agua suministrada. Nuevo León es la entidad federativa con el mayor volumen de tratamiento respecto del volumen de agua suministrada, 81.83%; Yucatán, el menor, 3.36%; 23 de entidades federativas tratan menos del 50% de sus descargas de aguas residuales municipales, y solo tres, más del 50%.

Debido a que, en el año 2018, más del 90% de las muestras analizadas de las fuentes de abastecimiento de agua "potable" tuvieron coliformes fecales, es necesario suspenden las descargas a barracas, suelo, grietas, lagos, ríos o mar.

Las zonas rurales son las que registran los menores nivel de cobertura de agua "potable" y saneamiento, de ahí que se torne necesario generar las condiciones institucionales para propiciar la autogestión comunitaria.

Finalmente, debido a los escenarios futuros respecto de la disponibilidad de agua; a los altos retornos financieros derivados de las inversiones en dicho sector, se precisa de tratar todas las descargas de aguas residuales municipales para reducir la contaminación de las fuentes de abastecimiento, disminuir el estrés hídrico y potenciar el desarrollo humano y, por lo tanto, económico de México.

Referencias bibliográficas

BM. (2020). *El saneamiento inadecuado y la falta de acceso a agua limpia afectan a millones de personas en todo el mundo.* Recuperado de https://www.bancomundial.org/es/news/press-release/2017/08/28/millions-around-the-world-held-back-by-poor-sanitation-and-lack-of-access-to-clean-water

Cerutti, M., *La agriculturización del desierto. Estado, riego y agricultura en el norte de México (1925-1970)*, IV Encuentro. Asociación Española de Historia Económica, Monterrey, México. Recuperado de http://www.econ.unavarra.es/~4e_aehe/4EncuentroAEHE/Programa_files/CeruttiMexico.pdf

CNDH. (2014). *El derecho humano al agua potable y saneamiento*, CNDH, México. Recuperado de https://www.cndh.org.mx/sites/default/files/documentos/2019-08/Derecho-Humano-Agua-PS.pdf

CONAGUA. (2018). *Estadísticas del agua en México.* Recuperado de http://sina.conagua.gob.mx/publicaciones/EAM_2018.pdf

CONAGUA. (2019a). *Programa Nacional Hídrico 2019-2024.* Recuperado de https://www.cmic.org.mx/servicios/conferenciauscmic/ponencias/PNH_en_CMIC_v11.pdf

CONAGUA. (2019b). *Situación del Subsector Agua Potable, Alcantarillado y Saneamiento. Edición-2020.*

Recuperado de https://www.gob.mx/cms/uploads/attachment/file/554702/DSAPAS_1-20.pdf

CONAPO. (2015). *Proyecciones de la Población de México y de las Entidades Federativas, 2016-2050.* Recuperado de https://datos.gob.mx/busca/dataset/proyecciones-de-la-poblacion-de-mexico-y-de-las-entidades-federativas-2016-2050

Constitución Política de los Estados Unidos Mexicanos [CPEUM]. Art. 4. Diario Oficial de la Federación (DOF), 8 de febrero de 2012 (México).

INEGI. (2018). "Estadísticas a propósito del Día Mundial del Agua (22 de marzo)". Comunicado de prensa número 132/18. Recuperado de https://www.inegi.org.mx/contenidos/saladeprensa/aproposito/2018/agua2018_Nal.pdf

Lichtinger Waisman, V. (2020). Saneamiento de ríos y cuerpos de agua. En I. B. Zamora Saenz y D. Sánchez Gálvez (Ed)., *Panorama y perspectivas del agua en México, 2019-2021* (pp.51-54). Senado de la República. LXIV Legislatura. Instituto Belisario Domínguez. (2020). México. Recuperado de http://bibliodigitalibd.senado.gob.mx/bitstream/handle/123456789/4803/CI_62.pdf?sequence=1&isAllowed=y

Martínez, P. L. L. (2020). Información y participación para el monitoreo de la calidad del agua. En I. B. Zamora Saenz y D. Sánchez Gálvez (Ed)., *Panorama y perspectivas del agua en México, 2019-2021* (pp.46-50). Senado de la República. LXIV Legislatura. Instituto Belisario Domínguez. (2020). México.

Recuperado de http://bibliodigitalibd.senado.gob.mx/bitstream/handle/123456789/4803/CI_62.pdf?sequence=1&isAllowed=y

Mesta Fernández, M. E. (2020). La política nacional para la gobernanza hídrica. En I. B. Zamora Saenz y D. Sánchez Gálvez (Ed)., *Panorama y perspectivas del agua en México, 2019-2021* (pp.60-63). Senado de la República. LXIV Legislatura. Instituto Belisario Domínguez. (2020). México. Recuperado de http://bibliodigitalibd.senado.gob.mx/bitstream/handle/123456789/4803/CI_62.pdf?sequence=1&isAllowed=y

OMS. (2019). *Agua*. Recuperado de https://www.who.int/es/news-room/fact-sheets/detail/drinking-water

ONU. (2019). *Informe de los Objetivos de Desarrollo Sostenible 2019*. Recuperado de https://unstats.un.org/sdgs/report/2019/The-Sustainable-Development-Goals-Report-2019_Spanish.pdf

ONU. (2020). *Población*. Recuperado de https://www.un.org/es/sections/issues-depth/population/index.html

OMS. Comunicado de prensa, 12 de julio de 2017. Ginebra. Recuperado de https://www.who.int/es/news/item/12-07-2017-2-1-billion-people-lack-safe-drinking-water-at-home-more-than-twice-as-many-lack-safe-sanitation

Pedrozo Flores, A. (2020). Agua, decisiones con base científica y ética. En I. B. Zamora Saenz y D. Sánchez Gálvez (Ed)., *Panorama y perspectivas del agua en México, 2019-2021* (pp.142-146). Senado de la República. LXIV Legislatura. Instituto Belisario Domínguez. (2020). México. Recuperado de http://bibliodigitalibd.senado.gob.mx/bitstream/handle/123456789/4803/CI_62.pdf?sequence=1&isAllowed=y

Quiroga Fernández, F. J. (2020). Minería Sostenible. En I. B. Zamora Saenz y D. Sánchez Gálvez (Ed)., *Panorama y perspectivas del agua en México, 2019-2021* (pp.137-141). Senado de la República. LXIV Legislatura. Instituto Belisario Domínguez. (2020). México. Recuperado de http://bibliodigitalibd.senado.gob.mx/bitstream/handle/123456789/4803/CI_62.pdf?sequence=1&isAllowed=y

Rawls, J. (2010). *Teoría de la justicia*. México: Fondo de Cultura Económica.

Rivera, P., Chávez, R., & Rivera-Salinas, F. Avances y limitantes en el tratamiento del agua residual del estado de Zacatecas. *Tecnología y Ciencias del Agua*, *9*(1), 113-123, DOI: 10.24850/j-tyca-2018-01-08.

Senado de la República. LXIV Legislatura. (2020). Panorama y perspectivas del agua en México. En I. B. Zamora Saenz y D. Sánchez Gálvez (Ed)., (pp.1-142). Instituto Belisario Domínguez. (2020). México. Recuperado de http://bibliodigitalibd.senado.gob.mx/bitstream/handle/123456789/4803/CI_62.pdf?sequence=1&isAllowed=y

SINA. 2019. *Usos del Agua*. Recuperado de https://www.gob.mx/conagua/acciones-y-programas/usos-del-agua

UNESCO. (2018). *Informe Mundial sobre el Desarrollo de los Recursos Hídricos 2019. Soluciones basadas en la naturaleza para la gestión del agua*. Recuperado de www.unwater.org

UNESCO. (2020). *Informe Mundial sobre el Desarrollo de los Recursos Hídricos 2020*. Recuperado de www.unwater.org

UN. (2019). *World population prospects 2019*. Recuperado de https://population.un.org/wpp/Download/Standard/Population/

WEF. (2019). Informe de riesgos mundiales 2019. 14.ª edición. Recuperado de https://www.oliverwyman.com/content/dam/oliver-wyman/v2/publications/2019/January/ES-Global-Risks-Report-2019.pdf

WHO. (2011). *Pharmaceuticals in Drinking-water*. Recuperado de https://agua.org.mx/wp-content/uploads/2011/07/pharmaceuticalsindrinkingwater.pdf

CAPÍTULO DOS

Afectación del recurso agua en el sistema de barrancos del Río Calderón, Estado de México. Análisis ambiental

José Isabel Juan Pérez

Introducción

En México, el concepto de barranco (barranca) ha sido utilizado principalmente por las sociedades campesinas, agrícolas e indígenas, pero es importante conocer su uso en el campo de la geografía, la geomorfología y disciplinas afines, esto con la finalidad de analizar esos ambientes naturales desde varios enfoques disciplinarios, dimensiones y propósitos. La Ley Ambiental del Distrito Federal (Procuraduría Ambiental y del Ordenamiento Territorial del Distrito Federal (PAOT) (2000), define a los barrancos como una depresión geográfica que por sus condiciones topográficas y geológicas se presentan como hendiduras y sirven de refugio para la vida silvestre, de cauce para los escurrimientos naturales de ríos, riachuelos y precipitaciones pluviales que constituyen zonas importantes del ciclo hidrológico biogeoquímico.

La definición de barranco se complementa con lo que el Programa General de Ordenamiento Ecológico del Distrito Federal (2001) señala al respecto: *"los barrancos son considerados como sistemas fundamentales que mantienen la hidrodinámica del territorio"* (Procuraduría Ambiental y del Ordenamiento Territorial del Distrito Federal) (PAOT) (2001). Así mismo, la Procuraduría Ambiental y del Ordenamiento Territorial del Distrito Federal (PAOT) (2004), establece que los barrancos en la Ciudad de México representan elementos físicos importantes, tanto para la regulación del clima, como para la captación de aguas pluviales, por lo que, en años recientes, se aplican diversas estrategias para fomentar la continuidad de los procesos ecológicos que ocurren en los ecosistemas de estos ambientes.

El diccionario geomorfológico (Instituto de Geografía, 1989) define al barranco como una forma lineal negativa del relieve que se forma generalmente en rocas fácilmente erosionables, como los loes, tobas y conglomerados, por el escurrimiento de temporada de aguas pluviales y nivales.

Independientemente, de la diversidad de conceptos relacionados con los barrancos, un elemento importante que existe en la bibliografía revisada se vincula con la presencia o transporte de agua que puede tener diferente procedencia, sin embargo, para referirse al concepto "sistema de barrancos" es importante considerar que se trata de una serie de barrancos interrelacionados desde el punto de vista geológico, geomorfológico, hidrológico, climático y biológico, donde cada uno de sus componentes es importante, ya que representa una estructura y función dentro del sistema. En México, la Ley Agraria y Ley Orgánica de los Tribunales Agrarios considera a los barrancos como espacios de uso común para los ejidatarios; y cuando se trata de expedir certificados de derechos ejidales los barrancos representan límites naturales, espacios de uso común y fuente de recursos para los pobladores (Leyes y Códigos de México, 2001). Los sistemas de barrancos son importantes desde varios puntos de vista, ya que recientemente se ha demostrado que son ambientes multifuncionales.

Para entender a los ambientes de barrancos como un sistema y por supuesto, conocer su importancia, es importante recurrir al concepto de sistema. En la década de los cuarenta hubo un gran incremento en el desarrollo tecnológico y filosófico sobre la Teoría General de Sistemas, (TGS) debido principalmente a la importancia del estudio del paisaje, así como a su problemática ambiental. La teoría en su sentido estricto trata de las propiedades y leyes de los sistemas (De Bolós, *et al.*, 1992). Entre los autores que desarrollaron esta teoría se pueden mencionar a Smuts quien en 1926 desarrolló la Teoría del Holismo donde afirma que *"el todo es más que la suma de sus componentes"*, derivado de ésta teoría, Carl Troll en 1949 estableció la Teoría General de Sistemas, donde enuncia que el mundo y sus componentes se encuentran integrados en un todo; también se le atribuye el surgimiento de esta Teoría a Ludwin Von Bertalanffy, quien, con sus trabajos publicados en 1950, menciona que la TGS no busca solucionar problemas, pero sí producir formulaciones conceptuales que puedan crear condiciones de aplicación en la realidad.

La perspectiva de la TGS surge en respuesta al agotamiento e inaplicabilidad de los enfoques analítico-reduccionistas y sus principios mecánico-causales. Se desprende que el principio clave en que se basa esta teoría es la noción de totalidad orgánica. Al respecto, (Arnold y Osorio, 1998), establecen que el sistema, además de ser un conglomerado de ideas y principios que ayudan a comprender la organización del espacio geográfico, el cual está compuesto por una variedad de sistemas que a su vez se componen de subsistemas dentro de una organización jerárquica, entre los cuales participan el flujo de energía, materia e información.

El sistema, desde el punto de vista conceptual, se define como un conjunto de elementos que integran un espacio determinado y que se encuentran relacionados entre sí en diferentes niveles de integración; donde se reconoce el comportamiento de los flujos generados dentro de un subsistema, la direccionalidad, influencia y jerarquía dentro de éste; el cual a su vez se encuentra relacionado con otros subsistemas (Mateo, 1984). De Bolós *et al.*, (1992) por su parte, considera al sistema como un modelo simplificado del fenómeno que es objeto de estudio y que consiste en un conjunto de elementos en interacción (se trata de simuladores para explicar el funcionamiento de fenómenos que ocurren en el ambiente, desde luego en distintas escalas espaciales y temporales).

Durante muchas décadas la ciencia geográfica fue considerada como descriptiva, sin embargo, en la actualidad hay un interés mayor que el de una simple descripción general del entorno geográfico, y es el de conocer al ambiente como ese sistema, donde los elementos bióticos (biológicos) y abióticos (físicos) mantienen una estrecha interacción e interrelación de la cual los grupos humanos utilizan, manejan y adaptan para satisfacer sus necesidades primarias.

El estudio de los sistemas de barrancos se puede sustentar en diversas teorías, disciplinas, métodos, técnicas, modelos y herramientas, por ejemplo, para analizar la relación ambiente – sociedad – cultura en el sistema de barrancos del Río Calderón fue utilizada la Ecología Cultural (Steward,1955), la cual es definida como una serie de principios, metodologías y conceptos que se aplican en diferentes condiciones espaciales y temporales al estudio del hombre, su sociedad y su cultura. La ecología cultural permite explicar cómo una sociedad y sus diversas instituciones, para ser estudiadas y comprendidas, deben ser analizadas como adaptaciones socioculturales a ambientes específicos. Es una herramienta metodológica para investigar y se puede analizar desde el punto de vista de los cambios con respecto a la adaptación del hombre y su ambiente. Con esta teoría fue posible entender el manejo de los recursos naturales existentes en los ambientes de los barrancos.

En 1931, Sauer, publicó el ensayo *Cultural Geography*, donde define que la geografía cultural se interesa por las obras humanas que se inscriben en la superficie terrestre y le imprimen una expresión característica, implicando así un programa que está unificado con el objetivo general de la geografía: esto es, un entendimiento de la diferenciación de áreas sobre la Tierra, por lo que sigue siendo en parte observación directa de campo basada en la técnica sencilla del análisis morfológico. Con este enfoque la geografía cultural se inclina por el estudio de las áreas o hábitat que ocupa y modifica el hombre según sus necesidades, ya sea para su aprovechamiento o simplemente para destruirlo Sauer (1956) pone de manifiesto que las formas culturales deben recibir la misma atención que las formas físicas.

Con la geografía cultural fueron estudiados dos aspectos importantes: el primero relacionado con los elementos del ambiente que han permitido, condicionado o determinado los asentamientos humanos en ambientes cercanos al sistema de barrancos, y el segundo, sobre la forma como la sociedad campesina percibe y entiende al paisaje natural y las causas por las que lo ha modificado. Sauer (1956) expone que toda población humana, en todos los tiempos, ha necesitado evaluar el potencial económico del área que habita para organizar su vida con relación a su ambiente natural. Cada paisaje natural tiene varias formas que a su vez conducen a lo que es un paisaje cultural, puesto que la parte física es importante para cualquier estudio geográfico ya que proporciona todos los materiales con los que el hombre construye su cultura.

La investigación realizada en el sistema de barrancos del Río Calderón, Estado de México inició en el año

2000, y desde entonces han sido múltiples los estudios en su entorno, por supuesto, aplicando diferentes métodos, técnicas y herramientas. Ahora en este capítulo se enfatiza en la importancia de los barrancos para la subsistencia campesina y en los factores que han provocado afectaciones al agua de los ríos y arroyos que conforman el sistema, estos asociados con las actividades que realizan las poblaciones campesinas y agrícolas que viven en las comunidades adyacentes.

La investigación se fundamentó en la diversidad de funciones y recursos que tiene un sistema de barrancos, vinculada con la Teoría General de Sistemas (TGS), la Teoría de la Ecología Cultural (Steward, 1955) y la Geografía Cultural (Sauer, 1956), sustentadas por el método geográfico (Higueras, 2003), cartografía automatizada, fotointerpretación y técnicas de trabajo de campo. En la investigación fueron aplicados diversos métodos, técnicas y herramientas, los cuales en interacción con los fundamentos teóricos referidos favorecieron la comprensión de la estructura y funcionamiento del sistema de barrancos, su importancia para la subsistencia familiar y los factores que ocasionan impacto a sus componentes, principalmente al recurso agua.

Se realizó la caracterización y diagnóstico del sistema de barrancos y su asociación con los asentamientos humanos adyacentes, los componentes físicos, los barrancos como ecosistemas que proporcionan recursos, a la vez que ayudan con la subsistencia, y finalmente, demostrar que el sistema de barrancos es fuente potencial de recursos y que éstos han sido afectados por las actividades agrícolas no sustentables que realizan las familias campesinas y agrícolas de las comunidades contiguas. El método geográfico permitió realizar la caracterización fisiográfica y sociocultural, ubicar al sistema de barrancos en el contexto regional, y al mismo tiempo aplicar criterios hidrológicos, geográficos y topográficos para delimitar el sistema. Se estudiaron las condiciones fisiográficas, los componentes hidrológicos y los componentes biológicos.

La delimitación cartográfica del sistema de barrancos se realizó con cartas topográficas y geológicas, escala 1:50 000, utilizando el software ArcGis 9, ArcMap. En la figura 1 se muestran los componentes del sistema de barrancos del río Calderón, desde luego, en asociación con depósitos de agua para riego, la comunidad del Ejido Santa Ana Xochuca, ubicada en el municipio de Villa Guerrero, Estado de México y otros asentamientos humanos adyacentes.

En esta investigación se caracterizó el sistema de barrancos del río Calderón ubicado en al sureste del Estado de México para conocer el potencial natural y sociocultural que contiene y estudiar los mecanismos utilizados por los pobladores para el manejo de los recursos naturales existentes, esto con la finalidad de proponer acciones que favorezca la protección de sus elementos. También se identificaron las causas de afectaciones provocadas a los recursos naturales, principalmente al agua. Como premisa de investigación se consideró que en el sistema de barrancos del río Calderón existen diversos ambientes, amplia biodiversidad, paisajes, recursos hidrológicos, geomorfológicos y paisajísticos que pueden utilizarse para fomentar el desarrollo local sustentable de las comunidades adyacentes, sin embargo, es necesario instrumentar algunas actividades para prevenir y mitigar los impactos ambientales provocados a los componentes del sistema de barrancos.

El estudio de los barrancos: dimensiones, propósitos y enfoques

En las dos últimas décadas, los estudios multidisciplinarios o interdisciplinarios sobre los barrancos empiezan a ser importantes dentro de los campos de la geografía, ecología, geología, arqueología, antropología social, planeación, urbanismo y el turismo sobre todo por sus paisajes, su biodiversidad, sus recursos naturales, majestuosidad de sus profundidades, servicios ecosistémicos que proveen, existencia de fósiles, presencia de grupos humanos cuya subsistencia depende principalmente de los recursos naturales existentes en esos ambientes (Juan, 2007), y por supuesto, por los riesgos y peligros que representan para las personas que habitan en entornos adyacentes, pues se ha demostrado que en algunos barrancos, ocurren riesgos, por supuesto, por influencia de factores antrópicos, además, esos ambientes no deben ser habitados.

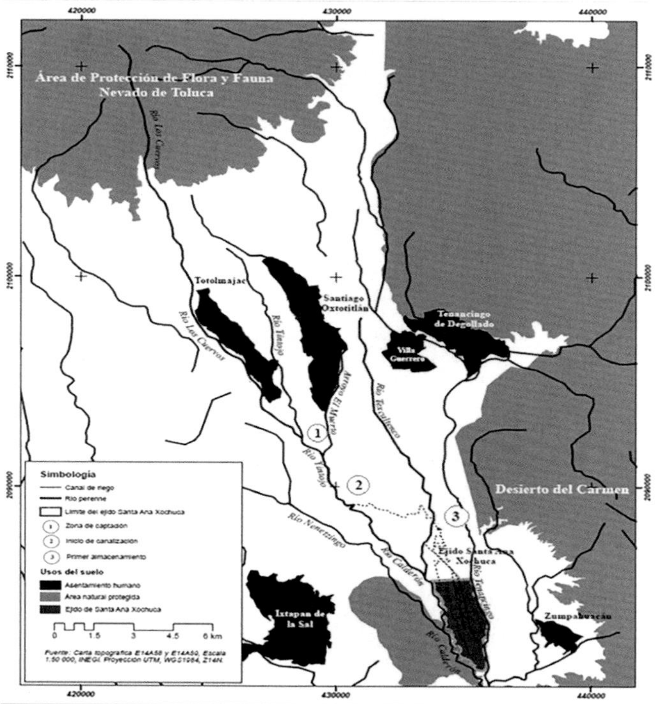

Figura 1. Mapa de Componentes hídricos, topográficos y socioculturales del sistema de barrancos del río Calderón, Estado de México.

Fuente: Juan, J. (2019). Cambios de uso del suelo y su influencia en la agricultura de riego en el Subtrópico Mexicano.

En el siglo pasado, investigadores del campo de las ciencias sociales y algunos de las ciencias naturales consideraban a los ambientes de barrancos como ambientes inhóspitos y sin ninguna función e importancia (los investigadores que no las conocen, aún las consideran así), pero estudios e investigadores recientes han demostrado que estos ambientes tienen diversidad de usos y funciones para las sociedades que viven cerca de ellos, aportándoles múltiples beneficios (Juan, 2007).

Estudios e investigaciones internacionales, nacionales y regionales sobre los sistemas de barrancos, demuestran que éstos se empiezan a asociar con distintos propósitos, objetivos, dimensiones, intereses, enfoques y argumentos. Los sistemas de barrancos, como elemento de análisis para la geografía, hidrología, geomorfología, arquitectura, planeación, economía, agronomía y el turismo, aportan una nueva dimensión para el desarrollo de investigaciones de vanguardia donde se relacionan diversas disciplinas del campo de las ciencias sociales, ciencias naturales y aplicadas, aunque, estos ambientes no han sido estudiados con profundidad, se espera que en breve, otros científicos inicien nuevos estudios sobre barrancos para coadyuvar al conocimiento de la diversidad de ambientes, recursos naturales, paisajes, servicios ecosistémicos, resiliencia, impactos ambientales, cambios de uso del suelo y posibles riesgos para la salud humana, toda vez que, cada día son mayores los intereses y preocupaciones de los científicos por estudiar ambientes poco conocidos.

Es importante que los especialistas en la ciencia de la geografía y disciplinas afines, así como otras disciplinas de las ciencias naturales y las aplicadas busquen nuevos espacios para el desarrollo de investigaciones y estudios en los ambientes de barrancos, esto en virtud de que cada día se demuestra su multifuncionalidad en la dimensión natural y sociocultural. Desde principios del año 2000, diversos centros e institutos de investigación, universidades, asociaciones civiles y dependencias gubernamentales se han dado a la tarea de estudiar a los sistemas de barrancos y con ello demostrar su potencialidad para explicar algunos procesos, fenómenos y manifestaciones naturales que mantienen la dinámica de estos sistemas.

La literatura consultada reporta amplia diversidad de enfoques, objetivos y propósitos de hacer estudios en los ambientes de barrancos, pero lo más relevante es que la mayoría hacen énfasis en la importancia de proteger los componentes naturales existentes en esos entornos, así como fomentar la continuidad de los procesos ecológicos, la gestión para un manejo adecuado de los recursos e implementar estrategias para prevenir y controlar algunos procesos que provocan riesgos a la vida de las personas.

Respecto a la importancia de realizar investigaciones en los barrancos, Poesen (2011) menciona que, aunque el número de investigaciones y publicaciones sobre la erosión de barrancos se ha incrementado en la última década, aún existen varios aspectos de los barrancos que no han sido estudiados y que requieren mayores investigaciones, como es el caso de los procesos erosivos. Este científico señala la importancia de hacer estudios de barrancos con mayor profundidad y desde luego, asociarlos con medidas efectivas y eficientes encaminadas a la prevención y control de los procesos erosivos, por ejemplo, el establecimiento de césped, reforestación y el acondicionamiento de represas de retención. Argumenta que una mejor comprensión de los procesos que ocurren en los ambientes de barrancos permitirá predecir el impacto del cambio ambiental, los procesos hidrológicos y la evolución del paisaje.

En el contexto internacional varios estudios sobre barrancos han sido realizados. Díaz y Romero (2015) estudian el *impacto ambiental de restauración y protección frente a avenidas del barranco de San Juan, Alicante* (España), esto con la finalidad de implementar obras para el control de las avenidas y evitar riesgos a la población humana que vive en ambientes próximos. En esta misma región, Oliva (2019) realizó el estudio "*riesgos de inundación y gestión del agua pluvial en el barranco de las Ovejas*" con la finalidad de identificar los episodios históricos en el que el barranco de las ovejas se ha reactivado, incluyendo las grandes inundaciones. El período de estudio comprendió la serie temporal del año 1950 al año 2019, y con los resultados obtenidos se demuestra que muchas áreas del barranco de las Ovejas están sujetas a riesgo de inundación, sin embargo, es pertinente implementar estrategias para aprovechar estos espacios que presentan riesgo y, por lo tanto, donde existen amenazas, como espacios donde hay oportunidades para captar volúmenes de agua pluvial y de avenida para su posterior reutilización.

Ionita, Fullen, Zglobicki and Poesen (2015) también reportan que la erosión de los barrancos representa una amenaza ambiental en muchas regiones del mundo, pues estos procesos afectan a múltiples funciones de suelo, sin embargo, son espacios importantes y representan evidencias físicas importantes de los procesos erosivos que han ocurrido en tiempos pretéritos. Los ambientes de los barrancos reflejan el impacto del cambio ambiental, esto por la interacción de las condiciones geomorfológicas, los procesos de cambios de uso del suelo y los eventos climáticos extremos. Estas interacciones son relevantes ya que coadyuvan en las transformaciones del paisaje y al mismo tiempo inciden de manera directa e indirecta en el aumento de riesgos de inundaciones.

En países del Continente Africano, las investigaciones de barrancos también son importantes, Abdulfatai, Okunlola, Akande Momoh and Ibrahim (2014) exponen que las causas que provocan erosión en los ambientes de barrancos en Nigeria son de origen antropogénico y natural y, por consiguiente, afectan a las condiciones ambientales y socioculturales de los asentamientos humanos contiguos. En su estudio determinan que la erosión en los barrancos provoca múltiples impactos, principalmente los relacionados con la pérdida de vidas humanas y animales, así como pérdida de propiedades y otros recursos de la tierra. En este estudio se recomiendan diversas estrategias para evitar y controlar los impactos ocasionados por la erosión de los barrancos, se enfatiza en la aplicación de técnicas agrícolas, métodos culturales de control de erosión y por supuesto, la urgencia en promulgar leyes para evitar actividades que inciden en el crecimiento de los barrancos. Los autores concluyen que es prioritario garantizar la seguridad de vida de los nigerianos y sus propiedades.

Otra investigación realizada en Nigeria, pero con distintos enfoques y métodos tiene por título "*evaluación de impactos ambientales y remediación para la erosión de barrancos en la metrópolis de Ankpa y sus alrededores, Kogi State, Nigeria*" (Imasuen, Omali and Ibrahim, 2011). En esta investigación se recolectaron muestras de suelo en ambientes de barrancos y fueron analizadas en un laboratorio de materiales para determinar sus propiedades establecer relaciones con los procesos erosivos. Se concluye que los suelos de ese lugar no tienen cohesión, no son compactos y tampoco tienen plasticidad, por lo que, los barrancos son fáciles de erosionarse y deben aplicarse técnicas que eviten y controlen los impactos provocados por las lluvias, por ejemplo, prácticas agronómicas integradas con obras de ingeniería, prácticas agroforestales y mejoramiento de técnicas de labranza del suelo.

Con base en las peculiaridades geomorfológicas, geológicas, topográficas, edafológicas e hidrológicas el territorio mexicano se caracteriza por la heterogeneidad de su relieve, siendo significativos los barrancos en varias de sus regiones. Al respecto, Paz (2013) expone que la contaminación de barrancos con basura y descargas de aguas municipales es origen de conflicto entre pobladores y autoridades en los estados de Puebla y Morelos, así como también lo es la contaminación de tierras de cultivo en la zona de Perote, Veracruz.

La procuraduría Ambiental y del Ordenamiento Territorial del Distrito Federal (PAOT, 2010) elaboró el documento "*ocupación irregular y riesgo socioambiental en barrancas de la Delegación Álvaro Obregón, Distrito Federal"* cuya finalidad es ofrecer información de la problemática socioambiental que degrada las barrancas y de la identificación de zonas de riesgo y vulnerabilidad ambiental para la toma de decisiones. Se enfatiza en la importancia que tiene el rescate, protección y declaratorias como áreas de valor ambiental de las Barrancas, información necesaria para atender la problemática. Se reporta que en el Distrito Federal hay 44 barrancas identificadas de las 99 que refiere la Secretaría de Medio Ambiente, también se afirma que las barrancas integran importantes servicios ambientales para las personas que habitan en su entorno, así como, para el resto de la población del Distrito Federal, por lo que, para el funcionamiento y mantenimiento de ambos sectores es importante conservar estas áreas.

En el documento se expone que los usos a los que están siendo sujetas las Barrancas del Distrito Federal deterioran los atributos ecológicos ya que casi todos los asentamientos se expanden usando el proceso de ocupación irregular de tipo "*hormiga*", intensificando el desdoblamiento hacia las colonias cercanas, ocupando grandes superficies y afectando el ecosistema al eliminar la cobertura vegetal y cambiar el uso del suelo, situación que provoca erosión y pérdida del suelo, afectando los servicios ambientales de estas zonas, además, de verse afectadas por la descarga de aguas residuales y el almacenamiento de residuos sólidos, llegando a conformarse amplias zonas de las barrancas como tiraderos de residuos sólidos (orgánicos e inorgánicos) a cielo abierto, lo cual origina contaminación del agua y propagación de fauna nociva.

Otra actividad que deteriora a los componentes de los barrancos de la Delegación Álvaro Obregón es la disposición inadecuada de residuos de la construcción, lo que origina compactación del suelo, impidiendo la infiltración del agua pluvial y el desarrollo de la vegetación nativa. Estas actividades ocasionan afectaciones en la estructura funcional de las barrancas, principalmente en los recursos vegetación, animales silvestres y el agua.

Un aumento de la presión sobre el uso del territorio es muy evidente, poniendo en riesgo la permanencia de ecosistemas de alta biodiversidad en barrancas y montañas y sus servicios, tanto los servicios de regulación de desastre como los de aprovisionamiento de alimento, a través de zonas con alto potencial en la producción de cultivos que son eliminadas con el crecimiento de la ciudad (Gierhake and Curiel, 2017).

Como ha sido expresado en párrafos anteriores, en el contexto del territorio mexicano, los estudios e investigaciones en los ambientes de barrancos empiezan a ser significativos, pues con base en las peculiaridades de las regiones que conforman el territorio, existe amplia diversidad de barrancos. Gutiérrez y Silva (2020) realizan estudios sobre impactos antrópicos, biodiversidad e indicadores socioambientales en dos barrancos del Estado de Puebla. Con los resultados obtenidos se demuestra el impacto negativo que ha provocado la actividad humana y que influye en el bienestar social, así como la necesidad de recuperar y conservar el sistema de barrancos y considerar la figura de Área de Alto Valor Ambiental como una alternativa para protección de éstas.

En el mismo estado de Puebla, Gutiérrez, Silva, Chaves, Zayas y Castelán (2020) en el estudio titulado "*Las barrancas de la Ciudad de Puebla, México: un recurso desaprovechado en una urbe con déficit de área verdes*" enfatizan la importancia de recuperar ambientalmente los sistemas de barrancos existentes en la ciudad y establecer áreas verdes para cumplir con lo establecido por la Organización Mundial de la Salud (OMS) (entre 10 m^2 y 15 m^2 de área verde/persona). Señalan que los barrancos podrían manejarse como espacios diferenciados tanto para actividades recreativas de los ciudadanos como para le educación ambiental y para propagación y sostenimiento del tipo de ecosistemas que en ellas impera. Se pretende coadyuvar a que se revalore el sistema de barrancos de la ciudad de Puebla, fortaleciendo el conocimiento de su estructura, función y dinámica, desarrollado herramientas para su diagnóstico, implementando programas de estudio de su biodiversidad y reposicionando su papel en el mejoramiento del entorno. Trabajar para la conservación, saneamiento y recuperación de estos ambientes, mediante el concurso de una amplia actividad académica y social es una labor importante.

En el contexto regional, los sistemas de barrancos del Río Calderón, ubicados en la porción sureste del Estado de México han sido estudiados desde varias dimensiones, enfoques y propósitos. En este sentido Juan (2007, 2013,

2019) realizó una descripción general del sistema, haciendo énfasis en su caracterización geográfica e hidrológica y enfatizando en la multifuncionalidad de los componentes del sistema, además, aplica diversos métodos y técnicas para determinar su potencialidad en diversas actividades. Juan, Monroy, Gutiérrez, Antonio y Balderas (2009) aplican métodos y técnicas de trabajo de campo, así como fundamentos teóricos del campo de las ciencias sociales y ciencias naturales para conocer la diversidad biológica y geográfica de los barrancos y determinaron su potencial para el desarrollo de actividades sustentables, como es el caso del turismo alternativo.

En las investigaciones realizadas en el sistema de barrancos del Río Calderón, Estado de México, los autores utilizaron herramientas de sistemas de información geográfica e imágenes de satélite para representar espacialmente los componentes más representativos e interacciones. Las técnicas de trabajo de campo fueron relevantes, ya que a partir de recorridos por todos los ambientes que conforman el sistema, fue posible conocer sus componentes y estructuras, además de la amplia diversidad de ambientes que desempeñan muchas funciones, desde el campo ecológico hasta el sociocultural.

El sistema de barrancos del Río Calderón en el contexto geográfico

El sistema de barrancos del río Calderón se ubica al sureste del Estado de México, entre la Provincia de las Serranías

Meridionales y la Provincia de la Depresión del Río Balsas, perteneciente a la Región Caribea del Reino Neotropical, caracterizada por la presencia de climas cálidos y semicálidos (Gobierno del Estado de México, 1995).

Este sistema comprende porciones de cuatro municipios del sur del Estado de México: Villa Guerrero, Tenancingo, Zumpahuacán e Ixtapan de la Sal. Para efectos de este estudio, el área estuvo conformada por porciones de los cauces, laderas y lomeríos adyacentes a los ríos Calderón y Tenancingo. El sistema forma parte de la cuenca del río Grande de Amacuzac perteneciente a la Región Hidrológica del río Balsas. Los aportes hídricos a las subcuencas del sistema son producto de los escurrimientos superficiales del deshielo y aguas subterráneas que se originan en las pendientes del Volcán Xinantécatl. Los elementos principales del sistema son el río Calderón y el río Nenetzingo por la zona occidente, y el río Tenancingo, al oriente, y que al unírsele el río Temozolapa cambia su nombre a San Jerónimo.

De acuerdo con la cartografía del Instituto Nacional de Estadística, Geografía e Informática (INEGI, 2003) y georeferenciación con el sistema de posicionamiento global (GPS), el sistema tiene una extensión de 28 kilómetros cuadrados. Sus límites al sur, oriente y poniente son precisamente las laderas adyacentes a los barrancos, al norte se delimitó con la coordenada 18° 51′ latitud norte. El clima corresponde al grupo de los A(C) wg, que de acuerdo con el sistema de clasificación climática de Köeppen y modificado por García (1987), es semicálido subhúmedo con lluvias en verano.

En el sistema, todos los afluentes intermitentes o perennes desembocan finalmente en los barrancos (río Calderón, río Nenetzingo, río Tenancingo). Entre los límites de cada uno de ellos se observan afloramientos rocosos que sirven de hábitat a muchas especies de animales silvestres. El origen del sistema de barrancos se debe a la presencia de estructuras de colapso, originadas probablemente por el vaciamiento de cámaras magmáticas del edificio volcánico Xinantécatl y posteriormente el hundimiento de éstas, generando una morfología de caída circular y formando cuatro sistemas de colapsos alrededor del volcán: Nevado de Toluca-Zempoala, Nevado de Toluca, El Fraile y El Calvario (Espinosa, 2005).

El componente hídrico del sistema se complementa con corrientes perennes e intermitentes, que tienen su origen en las elevaciones orientales localizadas en los Municipios de Tenancingo y Zumpahuacán, aumentando el caudal de los arroyos que son afluentes del río Temozolapa y el río San Jerónimo, principalmente durante la época de lluvias.

El sistema de barrancos del río Calderón posee amplia diversidad de especies florísticas tanto silvestres como inducidas. La vegetación natural y su diversidad ecológica corresponden al ecosistema de bosque tropical caducifolio, existiendo en las márgenes de los ríos bosque de galerías. Las especies con mayor índice de diversidad se muestran en la figura 2.

Nombre común	*Nombre científico*
Guacima	*Guazuma ulmifolia*
Palo Brasil	*Haematoxylon brasiletto*
Copal	*Bursera excelsa*
Copaljiote	*Pseudosmodingium perniciosum*
Tepehuaje	*Lysiloma acapulcenses*
Guamúchil	*Pithecellobium dulce*
Cirián	*Crescentia alata*
Cuachalalate	*Amphipterigium adstringens*
Cazahuate	*Impomoea wolcottiana*
Tepame	*Acacia cymbispina*
Pochote	*Ceiba pentandra*
Nanche	*Birsonima crassifolia*
Palo mulato	*Bursera simaruba*
Cuerazo	*Cordia sp.*
Jarilla	*Dodonaea viscosa*
Vara dulce	*Eysenhardtia polystachya*
Guaje	*Leucaena sp.*
Huizache	*Acacia farnesiana*
Llora sangre	*Bocona sp*
Remata	*tecota satns*
Cruceto	*Randia sp*
Uña de gato	*Minosa sp*
Jaral	*Eupatorium sp., Senecio sp*
Nopal	*Opuntia sp.*
Maguey	*Agave sp.*
Navalita	*Bouteloua filiformis*

Nombre común	*Nombre científico*
Zacate	*Andropogon sp*
Tullidota	*Karwinskia humboldtiana*
Engordacabras	*Croton sp. Dalea sp*

Figura 2. Cuadro de Especies vegetales representativas en el Sistema de barrancos del Río Calderón, Estado de México Fuente: Trabajo de campo (2008, 2018).

El bosque de galería se desarrolla en los bordes y costados de las corrientes permanentes del sistema de barrancos (Rzedowski 1978). Los taxas que se encuentran en el estrato arbóreo son *Alnus arguta, Ciethra mexicana, Oreopanax xalapensis, Salíx bonplandiana* y *Zanthoxyllum limoncello.* El estrato arbustivo se caracteriza por la presencia de *Sagerentia elegans.* En el estrato herbáceo, se encontraron *Asclepias angustifolia, Anagallis arvensis, Equisetum hyemale, Iresine celosia, Mimulus glabratus, Phaeosphaerion leiocarpum, Plantago australis, Polygonum punctatum, Reseda luteola, Spilanthes alba* y *Tripsacum lanceolatum*, además de una amplia diversidad de plantas epífitas, Rzedowski (1978), Martínez (1997), Juan (2007).

El sistema de barrancos del río Calderón tiene una profundidad promedio de 400 metros y cuenta con laderas escarpadas y diversos paisajes. Las características de la vegetación se asocian con el paisaje, de esta manera los dos aspectos estacionales del bosque son diferentes: el gris y desolado aspecto de la época seca contrasta de manera extraordinaria con la espesura verde y tierna del período lluvioso (Trabajo de campo, 2000,2006, 2009, 2018). Rzedowski (1978) aclara que en el bosque tropical caducifolio la caída de las hojas no es simultánea y algunas especies como las cactáceas columnares, opuntias y candelabriformes permanecen siempre verdes, mostrando una marca de contraste que le da al sistema esa característica única.

En cuanto a los animales representativos en la zona de los barrancos, aún existe un número significativo de mamíferos, reptiles, anfibios, peces, aves e insectos, todos correspondientes al ecosistema de bosque tropical caducifolio.

Con base en la TGS, se entiende al sistema de barrancos como todo un complejo perfectamente articulado, cuyos elementos le dan cohesión y razón de ser al sistema. De acuerdo con Bertrand (1968), el sistema de barrancos se entiende como una combinación dinámica e inestable de elementos geográficos diferenciados –físicos, biológicos y antrópicos – que actúan dialécticamente los unos sobre los otros, haciendo del paisaje un conjunto geográfico indisociable que evoluciona en bloque, tanto bajo el efecto de las interacciones entre los elementos que lo constituyen, como el de la dinámica propia de cada uno de los elementos considerados.

Las relaciones entre los elementos de un sistema y su ambiente son de vital importancia para la comprensión del comportamiento de sistemas vivos. Aunque el sistema de barrancos del río Calderón no es un sistema vivo, de manera integrada contiene elementos bióticos que hacen interesante estudiarle como un todo. En el sistema hay relaciones y conexiones entre las plantas con los animales silvestres, y estos dos componentes con el agua, suelo, clima, relieve y la estructura geológica. El sistema está representado por diferentes elementos todos integrados e interrelacionados, generando una serie de conexiones.

De acuerdo con Arnold y Osorio (1998), De Bolós (1992), Mateo (1984), Bertalanffy (1989) y Bertrand (1968), el sistema de barrancos del río Calderón es todo un complejo perfectamente articulado, cuyos elementos le dan cohesión y razón de ser como sistema –agua, laderas, rocas, relieve, suelo, movimiento del agua, vegetales y animales acuáticos–. Está representado por diferentes elementos en interacción dinámica. Los elementos rectores (elementos principales) son el cauce y caudal del río Calderón. Los componentes en interacción e interrelación generan una serie de conexiones, donde las acciones que se realizan en uno de los elementos integradores del sistema, pueden repercutir en otros.

Los recursos naturales disponibles en los barrancos son manejados por las sociedades locales, ya que conocen la importancia de los barrancos, la diversidad de sus recursos naturales renovables y no renovables, los beneficios que proporcionan y las estrategias para mantener en condiciones adecuadas los ambientes. Los recursos naturales disponibles en los barrancos son manejados y utilizados por las comunidades ubicadas en ambientes adyacentes a los barrancos.

Durante el trabajo de campo, se observó por parte de los pobladores locales el uso de especies vegetales, principalmente para el tratamiento de enfermedades, la alimentación y actividades rituales, algunas de las más importantes son: muicle *(Jacobinia spicigera)*, palo dulce *(Eysenhardtia polystachya)*, flor de peña *(Selaginella rupestres)*, arrayán *(Eugenia fragrans)*, g*(Leucaena esculenta)*, cola de caballo *(Equisetum robustum)*, nopal *(Opuntia sp)*, Oórtiga *(Urtica dioica)*, cuachalalate *(Juliana adstringens)*, orégano *(Brickellia veronicaefolia)*, rosa de castilla *(Lippia callicarpaefolia)*, pericón *(Tagetes florida)*, jarilla *(Dodonaea viscosa)*, hierba mora *(Solanum nigrum)*, hierba del golpe *(Oenothera simsiana)* y salvia *(Buddleia albida)* (Martínez, 1997).

Durante las actividades de trabajo de campo se observaron aspectos naturales y socioculturales vinculados con el entorno de los barrancos, por ejemplo, ambientes terrestres y acuáticos, recolección de plantas silvestres, preparación de alimentación con plantas y animales silvestres, tratamientos medicinales, elaboración de herramientas agrícolas, viviendas con partes de plantas extraídas de los barrancos, alimentación del ganado, rituales y ceremonias con utilización de plantas silvestres, arvenses, ruderales y cultivadas, uso de leña como combustible, extracción de epifitas y bromeliáceas; y la captura de insectos, aves, pequeños mamíferos, peces y anfibios.

Impacto ambiental en el sistema de barrancos

Con relación a las afectaciones de los recursos naturales, principalmente a los ríos, fue notorio y significativo el impacto causado al agua, pues durante todos los recorridos de campo fue posible observar residuos sólidos orgánicos y residuos sólidos inorgánicos, los cuales son producto de las actividades humanas, principalmente las asociadas con la agricultura tradicional (de temporal), agricultura convencional (de riego) y agricultura tecnificada controlada (invernaderos). Muchas de las comunidades que no tienen contacto directo con los ambientes de barrancos, no los valoran, y, por lo tanto, realizan disposición inadecuada de residuos sólidos en ambientes de laderas.

Los barrancos, constituyen ambientes importantes y no sólo se les debe considerar como tierras inhóspitas, pues además de ser un espacio que por sus condiciones contiene varios ecosistemas, es un resguardo alimenticio para los pobladores, lo cual permite que exista un manejo y cuidado de los recursos por parte de los habitantes actuales, con potencial para las futuras generaciones de las comunidades de la región. Es necesario consolidar estrategias, para fomentar el uso y manejo sustentable de los recursos naturales debido a que se empiezan a visualizar problemas de impacto ambiental, principalmente en los cauces y caudales de los.

En las comunidades adyacentes a los sistemas de barrancos, la agricultura en sus distintas modalidades es la actividad humana que está provocando impactos ambientales, ya que, por acción de la lluvia y los escurrimientos, los envases y residuos de agroquímicos son conducidos hasta las laderas y ríos de los barrancos, situación que cada día es más grave. Por supuesto, desde las porciones altas "aguas arriba", durante la época de lluvias y los excedentes del riego, las corrientes arrastran residuos peligrosos (agroquímicos), partes de automóviles (neumáticos), animales muertos y en descomposición, afectando significativamente a los componentes de los barrancos, principalmente al recurso hídrico.

Los problemas más comunes al interior de los barrancos son la descarga de residuos líquidos y sólidos, tala clandestina, sobreexplotación de recursos naturales como plantas silvestres, tierra de monte, hongos, frutos, plantas con fines medicinales, ceremoniales y alimenticios, caza y captura de pequeños mamíferos, reptiles, aves y pesca de especies acuáticas. Estos problemas han traído como consecuencia la pérdida de elementos naturales, paisajísticos y ecológicos, afectando directamente a los habitantes que viven cerca de los barrancos (Juan, 2007; Juan *et al.*, 2009, Juan, 2013; Juan, 2019).

En el sistema de barrancos aún existen elementos conservados, esto a pesar de su uso, sin embargo, comienzan a observarse impactos ambientales, provocados directamente por las actividades económicas de los pobladores de las comunidades de la región. Los barrancos del Río Calderón se han convertido gradualmente en depósitos de residuos sólidos y líquidos que se generan en altitudes mayores, por lo que, es común observar en época de estiaje y de lluvias diversos residuos orgánicos e inorgánicos (Juan, 2007).

La vegetación natural también ha sido afectada por la tala clandestina de algunas especies arbóreas, las quemas no controladas, el sobrepastoreo, y el hecho de que algunos campesinos tratan de incrementar la superficie limítrofe de sus parcelas abriendo nuevos espacios naturales para el pastoreo de animales y para el cultivo de especies agrícolas (Juan, 2007).

Hasta el momento, en el sistema de barrancos del Río Calderón, existen relaciones entre los ambientes y las familias campesinas de las comunidades, ya que aún se observan elementos conservados del ambiente a pesar de su uso. Los problemas ambientales no son originados por las comunidades locales, sino por ser parte de un sistema, ya que, como se mencionó en párrafos anteriores y debido a las características de la cuenca, otras poblaciones ubicadas en mayor altitud y que también siembran cultivos comerciales (flores, fresa, cebolla, tomate), descargan residuos y envases de agroquímicos que provocan afectaciones a la calidad del recurso hídrico, situación que impacta a la vida acuática.

En ambientes planos y contiguos (lomeríos) a los barrancos hay varios asentamientos humanos, cuya subsistencia depende de la agricultura y el manejo de los recursos naturales existentes en los ambientes naturales, por ejemplo, los habitantes del Ejido Santa Ana Xochuca, tienen mayor contacto con los ambientes de barrancos. El uso y el manejo del agua en los procesos agrícolas se realiza por diferencia de altitudes (riego por gravedad) entre los almacenamientos y la ubicación de las parcelas. El agua es conducida y distribuida de manera natural hacia las parcelas, No se requiere utilizar equipo de bombeo, ya que la pendiente del terreno es descendente (de norte a sur). Después de regar los cultivos, los excedentes escurren por las pendientes de las laderas y, finalmente, son incorporados al caudal de los ríos que conforman el sistema de barrancos (Juan, 2019).

Las familias del Ejido Santa Ana Xochuca y otras comunidades vecinas enfrentan múltiples retos, uno de ellos está vinculado con la contaminación del agua por el uso excesivo de agroquímicos en la agricultura convencional y la tecnificada controlada, los cuales son utilizados para producir alimentos, y cuyos escurrimientos son conducidos de manera natural hasta los barrancos. Diversificar el uso potencial de los reservorios, el manejo de los barrancos es otro reto, siendo la pesca deportiva y el turismo alternativo algunas actividades que pueden coadyuvar al desarrollo local sustentable del ejido, esto es viable, ya que las familias poseen cinco fortalezas importantes: conocimiento del ambiente, capacidad de gestión, organización social comunitaria, ayuda mutua y amplia agrobiodiversidad (2019).

Conclusiones

El acervo cultural es un bien social que se transmite a través de las generaciones. Este acervo de los pobladores es lo que ha permitido el manejo de la diversidad de ambientes, los recursos naturales de los barrancos y el recurso agua para riego de múltiples cultivos agrícolas. Los pobladores utilizan estacionalmente las plantas y animales silvestres existentes en los barrancos para la subsistencia familiar, sin embargo, no aplican estrategias y acciones encaminadas a la prevención y mitigación de impactos ambientales.

El suelo, el agua, la vegetación natural y el paisaje son los componentes del sistema de barrancos del río Calderón con mayor afectación. Esto se explica con base en que los cultivos agrícolas, tanto tradicionales (agricultura de temporal) como convencionales (agricultura comercial y agricultura tecnificada controlada) utilizan grandes cantidades de insumos agrícolas (agroquímicos), lo cual provoca contaminación de los cuerpos de agua (bordos, presas, jagueyes, depósitos) existentes en las zonas agrícolas. La vegetación natural existente en los lomeríos (laderas) de los barrancos es afectada por el pastoreo sin control y la tala clandestina, situación que impacta a los componentes del paisaje. La infraestructura (invernaderos) de agricultura tecnificada controlada también impacta al paisaje, además, el uso de diversos pesticidas y fertilizantes contribuye en la contaminación de los escurrimientos.

En los ambientes de barrancos -tanto terrestres como acuáticos- existen especies de plantas silvestres que son utilizadas para diversos fines: construcción de casas, como combustible, elaboración de herramientas agrícolas, preparación de alimentos, forraje para los animales domésticos, tratamiento de enfermedades, ceremonias y rituales y para la recreación familiar local y regional. En los cuerpos de agua utilizados para el riego de cultivos y por supuesto, en los arroyos y ríos hay especies de animales acuáticos que son capturadas por las familias para complementar la alimentación, pero deben aplicarse estrategias para evitar bioacumulación de agroquímicos, los cuales pueden afectar a la salud humana.

Las actividades económicas, la vida cotidiana y la cultura de los habitantes que viven cerca de los barrancos se vinculan con los recursos existentes en esos ambientes, desde luego, es importante entender la importancia de los componentes del sistema, esto para disponer de un programa de actividades recreativas, turísticas, deportivas y científicas que puedan realizarse durante todo el año. Muchas de las costumbres y tradiciones (cultura) de las comunidades se basan en el uso de plantas y animales silvestres, rocas y madera, que son extraídas de los ambientes (lomeríos y cuerpos de agua) barrancos. La comunidad toma los elementos que encuentra en su medio incorporándolos a su cultura. Por ejemplo, en diciembre, los hombres mayores de 12 años extraen de los barrancos plantas epifitas, tules, musgo, líquenes, heno, pasto seco, cortezas de árboles, rocas y arena que son utilizadas como ornamentos en las festividades ceremoniales de navidad.

El paisaje en el sistema de barrancos es diverso y corresponde a un sistema de lomeríos con bosques tropicales caducifolios, presente entre los límites de las laderas y el cauce de los ríos. Los barrancos de este sistema se caracterizan por poseer una morfología accidentada, favorecida por la presencia de rocas volcánicas sobrepuestas a las rocas calizas, donde la topografía en su conjunto presenta condiciones del relieve que han originado variadas estructuras geomorfológicas, como es el caso de las cañadas localizadas en el Municipio de Ixtapan de la Sal, que por sus condiciones geomorfológicas, paisajísticas, ambientales, ecológicas e hidrológicas han sido decretadas como área natural protegida.

Referencias bibliográficas

Abdulfatai, I. A., Okunlola, I. A., Akande, W. G., Momoh, L. O., & Ibrahim, K. O. (2014). Review of Gully Erosion in Nigeria: Causes, Impacts and Possible Solutions. *Journal of Geosciences and Geomatics*, 2(3), 125–129. DOI: https://doi.org/10.12691/jgg-2-3-8

Arnold, M. y F. Osorio. (1998). *Introducción a los conceptos básicos de la Teoría General de sistemas.* Recuperado de http://asignaturas.inf.udec.cl/tgs/docs/moebio.pdf.

Bertalanffy L. (1989). *Teoría general de sistemas Fundamentos, Desarrollo, Aplicaciones, Ciencia y Tecnología.* México: Fondo de Cultura Económica.

Bertrand, G. (1968). Paysage et géographie physique globale. Esquisse Métodologique. *Revue Géographique des Pyrénées et du Sud-Ouest*, XXXIII (3), 129-143. Toulouse.

De Bolós M., Bovet i Pla, M., Estruch, X., Pena, R., Rivas, J. y Soler, J. (1992). *Manual de Ciencia del Paisaje. Teoría, Métodos y Aplicaciones.* España: Ediciones Masson, S.A.

Díaz, C. (2015). Estudio de Impacto Ambiental de restauración y protección frente a avenidas del barranco de San Juan, Dénia (Alicante). Trabajo Final de Grado. Grado en Obras Públicas.

Espinosa, L. (2005). Morfoedafogénesis: un concepto renovado en el estudio del paisaje. *Ciencia Ergo sum. Ciencias de la Tierra y la Atmósfera,* 12 (2), 161-166. Recuperado de http://www.redalyc.org/articulo.oa?id=10412208

García, E. (1987). *Modificaciones al sistema de clasificación climática de Koeppen*. México: Instituto de Geografía. Universidad Nacional Autónoma de México.

Gierhake, K., y Curiel, A. (2017). Ciudades creativas en el Pacífico latinoamericano latitud norte 0 – 20° (Quito-Guadalajara). *Análisis,* 6 (16), 51–77. DOI: ®© https://doi.org/10.32870/mycp.v6i16.521

Gobierno del Estado de México. (1995). *Atlas del Estado de México.* Toluca, México. Coordinación General de comunicación social.

Gutiérrez, V. y Silva, S. (2020). Las barrancas de la Ciudad de Puebla. *Revista RD- ICUAP,* 6 (17), 98-113. Recuperado de http://rd.buap.mx/ojs-dm/index.php/rdicuap/article/view/203

Gutiérrez, V., Silva, S., Chaves, E., Zayas, M. y Castelán, R. (2020). Las barrancas de la ciudad de Puebla, México: Un recurso desaprovechado en una urbe con déficit de áreas verdes. *Interciencia*, 45 (2), 110-116. https://www.redalyc.org/articulo.oa?id=339/33962521009

Higueras, A. (2003). *Teoría y método de la geografía. Introducción al análisis geográfico regional*. España: Colección de textos docentes. Prensas Universitarias de Zaragoza.

Imasuen, I., Omali, O. & Ibrahim, I. (2011). Assessment of environmental impacts and remedies for gully erosion in Ankpa Metropolis and environs , Kogi State , Nigeria. Advances in Applied Science Research, 2(5), 372–384. Recuperado de www.pelagiaresearchlibrary.com

Instituto de Geografía. (1989). *Diccionario Geomorfológico.* México: Instituto de Geografía. Universidad Nacional Autónoma de México.

Instituto Nacional de Estadística Geografía e Informática (INEGI) (2003), *Carta topográfica escala.* 1:50 000. México.

Ionita, I., Fullen, M. A., Zgłobicki, W. & Poesen, J. (2015). Gully erosion as a natural and human-induced hazard. Natural Hazards, 79(1), 1–5. DOI: https://doi.org/10.1007/s11069-015-1935-z

Juan, J. (2007). *Multifuncionalidad de los sistemas de barrancos en México. Análisis geográfico, ecológico y cultural.* Argentina: Editorial Dunken.

Juan, J., Monroy, J., Gutiérrez, J., Antonio, X., y Balderas M. (2009). Los sistemas de barrancos mexicanos, un recurso potencial para el turismo alternativo. El caso de los barrancos del río Calderón, Estado de México. *El Periplo Sustentable. Turismo y Desarrollo, 17, 31-54.* Recuperado de https://rperiplo.uaemex.mx/article/view/5034

Juan, J. (2013). Manejo de recursos naturales y procesos agrícolas para el turismo rural campesino en un Ejido de transición ecológica. *Pasos. Revista de Turismo y Patrimonio Cultural,* 11 (2), 327-342. DOI: https://doi.org/10.25145/j.pasos.2013.11.021

Juan, J. (2019). Cambios de uso del suelo y su influencia en la agricultura de riego en el Subtrópico Mexicano. Economía, Sociedad y Territorio, 19 (61), 601-630. DOI: https://doi.org/10.22136/est20191357

Leyes y Códigos de México. (2001). *Ley Agraria y Ley Orgánica de los Tribunales Agrarios. Disposiciones Complementarias.* Decimoquinta edición actualizada. México: Editorial Porrúa.

Martínez, M. (1997). *Catálogo de Nombres Vulgares y Científicos de Plantas Mexicanas.* México: Fondo de Cultura Económica.

Mateo, R. J. (1984). *Apuntes de Geografía de los Paisajes.* Ciudad de la Habana: Facultad de Geografía. Universidad Autónoma del Estado de México.

Oliva, A. (2019). Riesgo de inundación y gestión del agua pluvial en el barranco de las ovejas. Repositorio Institucional de la Universidad de Alicante (RUA), 120. Recuperado de http://hdl.handle.net/10045/95902

Paz, M. (2010). Conflictos socioambientales y deterioro: una primera aproximación. En Cotler, H. (Coord.), *Las cuencas hidrográficas de México. Diagnóstico y priorización* (pp.154-156). México: Pluralia Ediciones e Impresiones S.A. de C.V. Recuperado de https://agua.org.mx/wp-content/uploads/2011/02/CuencasHidrogra%CC%81ficas-1.pdf

Poesen, J. (2011). Challenges in gully erosion research. *Landform analysis*, 17, 5–9. Web.

Procuraduría Ambiental y del Ordenamiento Territorial del Distrito Federal (PAOT), (2000), *Ley ambiental del Distrito Federal.* México.

Procuraduría Ambiental y del Ordenamiento Territorial del Distrito Federal (PAOT) (2004). *Programa General de Ordenamiento Ecológico del Distrito Federal.* México.

Procuraduría Ambiental y del Ordenamiento Territorial del Distrito Federal (PAOT) (2010). *Ocupación irregular y riesgo socioambiental en barrancas de la Delegación Álvaro Obregón, Distrito Federal.* Recuperado de www.paot.org.mx

Rzedowski, J. (1978). *Vegetación de México*, México. Limusa.

Sauer, C. O. (1956). *The Agency of Man on the Earth. In Man's Role in Changing the Face of the Earth* ed. Williams L. Thomas. USA: University of Chicago Press.

Steward, H.J. (1955). *Theory of Culture Change.* The Methodology of multilinear Evolution. USA: University of Illinois Press Urbana.

CAPÍTULO TRES

LA INSUSTENTABILIDAD EN EL SUMINISTRO DE AGUA POTABLE EN UNA CIUDAD TURÍSTICA: EL CASO DE ACAPULCO, GUERRERO; MÉXICO

Miguel Ángel Cruz Vicente

Introducción

En la Cumbre para el Desarrollo Sostenible celebrada en septiembre de 2015, los estados miembros de la Organización de las Naciones Unidas (ONU) sustituyeron los Objetivos de Desarrollo del Milenio (ODM) por la Agenda 2030 para el Desarrollo Sostenible (ODS). La Agenda 2030 contempla 17 objetivos, de ellos destaca el *seis* (Agua Limpia y Saneamiento), el cual sugiere: *garantizar la disponibilidad de agua y su gestión sostenible y el saneamiento para todos.*

De acuerdo al Informe de los Objetivos de Desarrollo Sostenible (ONU, 2019), el panorama mundial sobre el sexto objetivo no es nada favorable, dado que:

- 785 millones de personas aún no cuentan con servicios básicos de agua potable.

- 2 de cada 5 personas en el mundo no tienen instalaciones básicas con agua y jabón para lavarse las manos en el hogar.
- 1 de 4 centros de salud en todo el mundo no dispone de servicios de agua potable.
- 673 millones de personas (9 por ciento de la población) aun defecan al aire libre. La mayoría de ellos en Asia Meridional (la ONU divide al mundo en 22 subregiones y una de ellas es la denominada Asia Meridional, la cual integra nueve países: Afganistán, Bangladés, Bután, India, Irán, Maldivas, Nepal, Pakistán y Sri Lanka).
- 2 mil millones de personas viven en países que sufren alto estrés hídrico.
- Para el año 2030, 700 millones de personas podrían ser desplazadas por una escasez intensa de agua.

Aunado a lo anterior y de acuerdo al Foro Económico Mundial (WEF por sus siglas en ingles de *World Economic Forum*), en su Informe de Riesgos Globales 2019, la crisis hídrica está dentro de los diez principales riesgos mundiales en términos de impacto. En el Informe Planeta Vivo 2020 (LPR por sus siglas en ingles de *Living Planet Report*), se identifican los factores directos e indirectos que afectan la destrucción de los ecosistemas marinos y de agua dulce, provocando con ello (como integrantes del capital natural) una disminución de su stock; ante esta situación, "los científicos y los formuladores de políticas ambientales han sugerido la conservación de al menos el 30 por ciento de la superficie del planeta para el 2030, casi duplicando la conservación de la naturaleza y de las aguas nacionales" (McKinsey & Company, 2020, p. 5).

En México los datos sobre el balance hídrico no son tan halagüeños, dispone aproximadamente del 0.1 por ciento del total de agua dulce disponible a nivel mundial, lo que determina que un porcentaje importante del territorio esté catalogado como zona semidesértica (agua.org.mx, 2020). De acuerdo a Uribe y Vázquez del Mercado (2017), México, en unas cuantas décadas, pasó de ser un país de alta disponibilidad de agua a uno de baja, debido al crecimiento demográfico, a la creciente demanda en los distintos usos y al manejo poco eficiente del recurso, lo cual ha derivado en una mayor presión a los recursos hídricos (véase gráfica uno); lo cual se visualiza en la tendencia negativa de la disponibilidad media *per cápita*, ya que paso de 18,000 m^3/hab/año en 1950 (agua.org.mx, 2020) a 3,656 m^3/hab/año en 2017 (Semarnat/Conagua, 2018).

Además, se estima que para el año 2030 (con el aumento de la población y el deterioro de los cuerpos de agua) la disponibilidad media *per cápita* descenderá hasta 3,430 m^3/hab/año y en algunas Regiones Hidrológicas Administrativas (RHA), el agua renovable *per cápita* alcanzará niveles cercanos o incluso inferiores a los 1,000 m^3/hab/año, lo que se califica como una condición de escasez (agua.org.mx, 2020); generándose un alto grado de inseguridad hídrica y sus repercusiones, como por ejemplo, el estrés hídrico (véase gráfica dos).

El estrés hídrico sucede cuando la demanda de agua es más grande que la cantidad disponible durante un período determinado de tiempo o cuando su uso se ve restringido por su baja calidad, definición dada por el Programa de Naciones Unidas para el Medio Ambiente (PNUMA). El resultado es un deterioro de los recursos de agua dulce en términos de cantidad (acuíferos sobreexplotados, ríos secos, lagos contaminados) y de calidad (eutrofización, contaminación de la materia orgánica, intrusión salina). Interpretar correctamente este término es importante, ya que el estrés se refiere a sequía y a desertificación, a la falta de agua, y al exceso de agua, como inundaciones y crecidas de ríos. Las ciudades con estrés hídrico son las que utilizan, al menos, un 40 por ciento del agua disponible. (Pradilla, 2015)

Gráfica 1. Grado de presión sobre el recurso hídrico por RHA (2019)

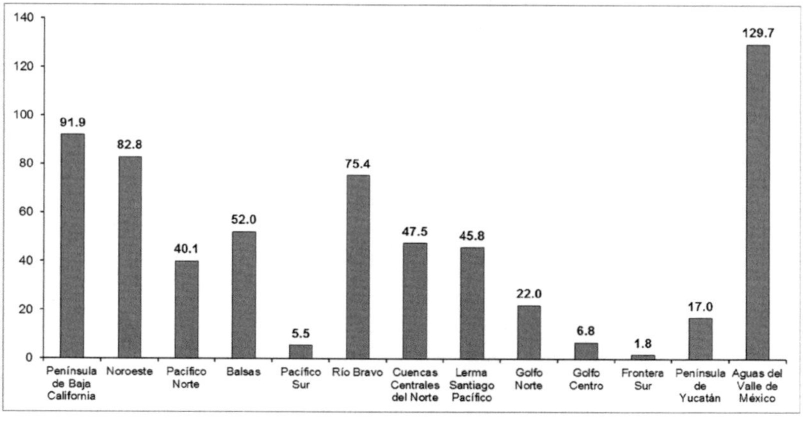

Fuente: Sistema Nacional de Información del Agua, 2020.

Gráfica 2. Porcentaje de stress hídrico en México, 2000-2017

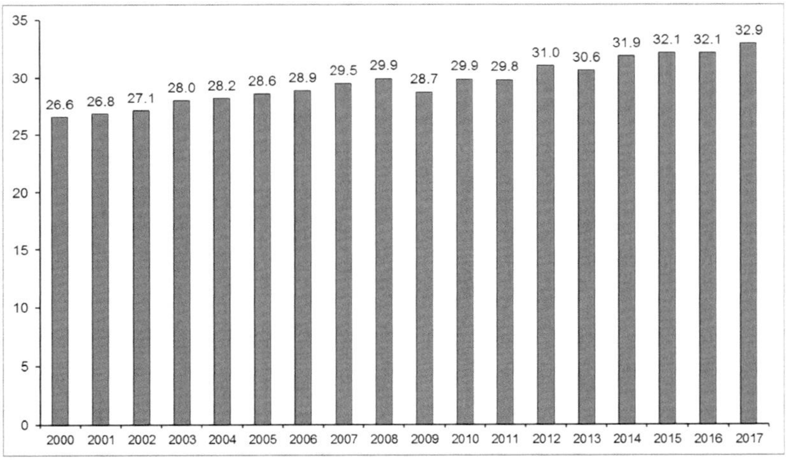

Fuente: Food and Agriculture Organization of the United Nations, 2020.

A pesar de este nebuloso panorama hídrico, la ONU se congratuló con México porque cumplió con 37 de los 51 indicadores de los ODM en los que se había comprometido, en especial con el Objetivo 7, el cual hacía referencia a "Garantizar la sostenibilidad del medio ambiente", dado que desde el año 2005 se alcanzó la meta en materia de acceso sostenible al agua y servicios de saneamiento básicos, ya que 9 de cada 10 personas cuentan con agua potable. (ONU, 2020)

De acuerdo al Informe Nacional Voluntario para el Foro Político de Alto Nivel sobre Desarrollo Sostenible (2018), los indicadores nacionales (globales) de los ODS son satisfactorios, presentándose retos en el tratamiento de aguas residuales:

- La cobertura de agua entubada a nivel nacional fue de 94.5 por ciento en 2017.
- 93.6 por ciento de la población en viviendas particulares habitadas dispone de drenaje.
- 95.3 por ciento de la población cuenta con acceso a una fuente de agua.
- 96.97 por ciento del suministro de agua se desinfecta.
- 87.2 por ciento de las viviendas indígenas en México cuenta con servicio de agua potable entubada.
- El 73 por ciento de las viviendas ocupadas por indígenas cuentan con drenaje.
- La infraestructura permite tratar 63 por ciento de las aguas residuales municipales.
- 32.8 por ciento de las aguas residuales del sector industrial ya reciben tratamiento.
- México es el 2º país con mayor número de humedales (6,331); 142 están registrados en la Convención sobre los Humedales de Importancia Internacional.
- México recibe de la Organización para la Cooperación y el Desarrollo Económico (OCDE), por asistencia para agua y saneamiento, 120.8 Millones de Dólares (MDD).

Sin embargo, existen alrededor de ocho millones de personas que carecen de agua, es decir, se contabilizan 2'085,208 hogares que no reciben agua (INEGI, 2018), y se estima que 3.7 personas es el número de ocupantes por vivienda (INEGI, 2015), por lo tanto, tenemos que 7'715,270 personas no tienen acceso al agua.

> De acuerdo con los resultados de la Encuesta Nacional de los Hogares 2016, realizada por el INEGI, de los más de 32 millones de hogares registrados en el país, 30'840,062 (93 por ciento) reciben agua dentro de su propiedad, aunque no todos diariamente. En 2'085,208 de hogares (7 por ciento) no se recibe agua por tubería y la consiguen por otros medios. El 68 por ciento (22'428,142) de los hogares reciben agua diariamente mientras que en el 25 por ciento (8'411,920) la reciben cada tercer día, dos veces por semana, una vez por semana o de vez en cuando. El 7 por ciento de los hogares (2'085,208) no la reciben y la consiguen acarreándola de otra vivienda, de una llave pública, de pozos, ríos, arroyos, lagos o lagunas o la obtienen mediante pipas. (INEGI, 2018)

Para Guerrero, el INEGI (2016) contabilizó un total de 895,157 viviendas particulares habitadas, de las cuales el 46.6 por ciento disponen de servicio de agua entubada en la vivienda y el 83.3 por ciento cuentan con drenaje. Mientras que para Acapulco se registraron 220,033 viviendas particulares habitadas, de las cuales el 65.1 por ciento disponen del servicio de agua entubada y el 95.8 por ciento con drenaje.

Lo anterior deja en evidencia la carencia de servicios hidrosanitarios que tiene el estado y el municipio, propiciando con ello la aparición de enfermedades de origen hídrico (transmitidas por el agua, originadas en el agua, relacionadas con el agua y vinculadas a la escasez de agua), mermando la calidad de vida de la población e impactando negativamente el desarrollo social en Acapulco.

Banegas (2020, p. 11-12) señala que, "el desarrollo social es identificado como la base del bienestar personal y de la evolución de la sociedad. En la medida que los individuos adquieren, desarrollan y utilizan sus capacidades pueden satisfacer sus necesidades básicas". En Midgley (1999), el desarrollo social es un proceso de promoción del bienestar de las personas acompañado por un proceso dinámico de desarrollo económico.

En cuanto a la insustentabilidad, se refiere a la ausencia de mecanismo para satisfacer los requerimientos económicos, sociales y ambientales en el suministro de agua, es decir, el organismo operador de agua potable en Acapulco no ha generado las herramientas y/o instrumentos necesarios para una mejor gestión. La gestión debe ir encaminada a preservar y evitar la contaminación de la principal fuente de abastecimiento, a mejorar y ampliar la cobertura del servicio y revisar tarifas, contratos y actualizar el padrón de usuarios del servicio de agua. De acuerdo a Sil Acosta (1998), la gestión tiene una connotación empresarial y es resultado que el modelo neoliberal le asignó al Estado como administrador de recursos escasos.

Objetivo

Realizar y mostrar, a partir de la información púbica y publicada, un análisis documental y descriptivo sobre la situación que presenta el organismo operador encargado de otorgar el servicio de agua potable en el municipio de Acapulco por medio de la construcción y aplicación de indicadores de desempeño, con la finalidad de discernir sobre su sustentabilidad económica, social y ambiental.

Metodología

Es un estudio documental, descriptivo y fundamentado en la investigación evaluativa. Se realiza un análisis sobre las condiciones que ostenta el organismo operador encargado de proveer de agua al municipio de Acapulco de Juárez, mediante la evaluación de su desempeño, por medio de la generación de indicadores que muestren la eficiencia y eficacia para valorar la calidad en su servicio, y que sirvan para la toma de decisiones, con la finalidad de la mejora continua en la prestación del servicio y en la planeación hidráulica municipal.

La investigación evaluativa

El punto de partida es la investigación evaluativa, la cual es un tipo de investigación aplicada. La investigación evaluativa se orienta a producir conocimiento por medio de la intervención, con la finalidad de mejorar la calidad, la eficacia, la eficiencia y el impacto que tienen las políticas públicas, programas y/o proyectos sociales sobre el bienestar de la población en general.

De acuerdo a Salas y Murillo (2010), la investigación evaluativa surge de la necesidad ciudadana de conocer y participar en el diseño de políticas públicas. Han surgido herramientas metodológicas para evaluar su eficiencia y eficacia, para incidir en su operación. Su objetivo es emitir juicios de valor respecto a un programa para producir un nuevo conocimiento que mejore la acción a partir de recomendaciones y se logre el impacto deseado.

Para De Miguel (2000), la investigación evaluativa es la aplicación de los principios y procedimientos de la investigación social para comprobar la eficacia de un programa de intervención social. En Losada (2016), la intervención social es una acción justificada y programada que provoca un cambio social para mejorar su situación. Consiste en una serie de actividades programadas, con una metodología destinada a la consecución de un fin. La evaluación debe ser un proceso integrado al funcionamiento de las organizaciones y un instrumento de mejora de las intervenciones, con la finalidad de corregir los aspectos que se manifiesten inestables o contrarios a los planeados.

La evaluación al organismo operador realizada *ex post*, es con la finalidad de comprobar si es conveniente continuar o redefinir los objetivos programados, o la creación de nuevos para lograr la meta deseada. A diferencia de la evaluación *ex-ante*, la cual se plantea por medio de objetivos y metas que alcanzar, en la evaluación *ex-post* se utilizan datos concretos.

La propuesta para la evaluación consiste en la aplicación de indicadores desarrollados por la Asociación Internacional de Administradores de Ciudades y Condados ICMA (2013), los cuales son: 1) insumos, 2) producción, 3) eficiencia, 4) eficacia, 5) economía, 6) calidad y 7) resultado/impacto.

Los indicadores son expresión cuantitativa o cualitativa que proporciona un medio sencillo y fiable para medir logros, reflejar los cambios vinculados con las acciones del programa, para monitorear y evaluar sus resultados.

Tabla 1. Tipos de indicadores

Estratégicos	Gestión
• Mide el grado de cumplimiento de los objetivos de las políticas públicas y de los programas presupuestales. • Contribuye a corregir o fortalecer las estrategias y orientar los recursos. • Incluye a los indicadores de fin, propósito y de componentes, que consideran subsidios, bienes y/o servicios que impactan directamente a la población o área de enfoque. • Impacta de manera directa en la población o área de enfoque.	• Mide el avance y logro en procesos y actividades, es decir, sobre la forma en que los bienes y/o servicios públicos son generados y entregados. • Incluyen los indicadores que dan seguimiento a las actividades y aquellos que entregan bienes y/o servicios para ser utilizados por otras instancias.

Fuente. ICMA (2013).

Indicadores de gestión en los organismos operadores

Para Hansen (2006), los indicadores de gestión son herramientas para evaluar la eficiencia y eficacia de los procesos que se realizan en los sistemas de abastecimiento de agua potable. La eficiencia mide hasta qué punto los recursos de los sistemas de abastecimiento se utilizan de manera óptima para dar el servicio, mientras que la eficacia es la medida del grado en qué se han cumplido los objetivos. Saavedra *et al.* (2017), proponen una serie de indicadores que miden el desempeño de los organismos operadores.

El primer paso para desarrollar un sistema de indicadores que evalúen el desempeño del organismo operador es explorar la disponibilidad de información, su escasez obliga a restringir el alcance de la evaluación. Para Salazar y Pineda (2010), el problema principal que enfrentan quienes buscan analizar el consumo de agua en México es el acceso a los datos.

De acuerdo al Programa de Indicadores de Gestión de Organismos Operadores (IMTA, 2018), solamente Taxco de Alarcón se encuentra registrado en el programa con información actualizada, el objeto de estudio (organismo operador de Acapulco) presenta solo datos para los años 2012 y 2013 en algunos indicadores.

El Consejo Nacional de Evaluación de la Política de Desarrollo Social (CONEVAL, 2014), propone los siguientes criterios para los indicadores: 1) claridad, 2) relevancia, 3) económico, 4) monitoreable, 5) adecuado y 6) de aporte marginal. La finalidad es que los indicadores proporcionen parámetros de medición fiables que midan logros para evaluar resultados.

Las variables seleccionadas para el análisis, alcanzan para dar claridad al desempeño del organismo operador. La integración de estas variables se realizó a partir de la información pública divulgada en documentos oficiales emitidos por el Instituto Nacional de Estadística y Geografía (INEGI); la Secretaría de Medio Ambiente y Recursos Naturales (SEMARNAT); la Comisión Nacional del Agua (CONAGUA); la Comisión de Agua Potable y Alcantarillado del Municipio de Acapulco (CAPAMA), entre otras entidades de la administración pública de los tres niveles de gobierno. Las fuentes de información no distinguen los ámbitos urbanos o rurales, los datos son totales.

Desarrollo: estrategia hidráulica en Acapulco durante 2009-2021. Los planes municipales de desarrollo

El Plan Municipal de Desarrollo (PMD), tiene su fundamento jurídico enraizado en los Artículos 25, 26 y 115 de la Constitución Política de los Estados Unidos Mexicanos; es el instrumento por el cual, el grupo político que accedió al "poder", a partir de un diagnóstico *ex ante*, propone una serie de estrategias que realizarán en un periodo de tiempo determinado, para lograr (desde su cosmovisión) el desarrollo anhelado.

El PMD 2009-2012 propuesto por Manuel Añorve Baños, durante este periodo se tuvo como objetivo general:

> Contribuir para que en el municipio de Acapulco se tenga una mejor calidad de vida en donde impere el orden y la legalidad, que sea competitivo y que confirme su vocación turística y de servicios en el mercado nacional e internacional. (H. Ayuntamiento Constitucional de Acapulco, 2009, p. 14)

Se plantearon diez prioridades estratégicas en cinco ejes con la finalidad de tener un *Acapulco de 10.* Para cada uno de los ejes se establecieron objetivos, estrategias y acciones que facilitan un seguimiento puntual de la ejecución de las políticas públicas. En el segundo eje denominado "Acapulco te quiero ordenado, modernizado y con servicios públicos de calidad", se integró la estrategia hidráulica municipal, la cual se denominó: te quiero con agua, drenaje y alcantarillado sanitario. El objetivo específico fue: *garantizar que la dotación de agua potable y la eliminación de aguas residuales sean eficientes.*

En la estrategia se proponía realizar acciones a corto, mediano y largo plazo, que permitieran brindar un servicio eficiente y de mejora continua, a partir de 18 líneas de acción, de las cuales 13 estaban dirigidas al suministro de agua potable y las cinco restantes al mejoramiento del sistema de alcantarillado.

En lo que respecta al suministro de agua se incluía la construcción, rehabilitación de sistemas de agua potable, adquisición de macromedidores y micromedidores para la medición, garantizar la calidad del agua potable para el consumo humano, ampliar las líneas de conducción y los sistemas de agua hacía las colonias marginadas y comunidades rurales, la construcción de obras para el abastecimiento de agua potable en diferentes zonas de la ciudad, el desarrollo de un programa de recuperación de caudales, la adquisición de equipo moderno para la detección de las fugas no visibles, la reparación de fugas visibles y no visibles, la recuperación de las aguas que se pierden por retrolavado en la planta potabilizadora, el desarrollo de programas para recuperación de la cartera vencida, la modernización del área operativa con un sistema de automatización de las instalaciones de bombeo, dotar de agua a las colonias que sufren desabasto a través de pipas, la implementación de programas para fomentar la cultura de pago y la construcción de pozos profundos en las localidades que sufren desabasto de agua.

Cabe señalar que durante este periodo de gobierno se tuvo dos presidentes municipales interinos: José Luis Ávila Sánchez (2010) y Verónica Escobar Romo (2012).

Durante el periodo de gobierno de Luis Walton Aburto (2012-2015), el PMD estuvo alineado a la "Agenda Desde lo Local", instrumento que debió aplicarse durante el periodo 2004-2013 y es el antecedente del Programa Agenda para el Desarrollo Municipal.

El objetivo principal del PMD fue: *otorgar respuestas eficientes a los requerimientos de la sociedad a través de programas y proyectos sustentables que impacten positivamente, con el compromiso de una nueva actitud de racionalizar los recursos públicos del municipio.* (H. Ayuntamiento Constitucional de Acapulco, 2012, p. 8)

Para el cumplimiento del objetivo se plantearon cuatro ejes: 1) Gobierno con democracia y seguridad ciudadana. 2) Desarrollo económico sustentable. 3) Desarrollo social con equidad. 4) Desarrollo urbano sustentable. En los cuatros ejes se encontraban integradas 14 estrategias generales.

Dentro de los programas de agua se plantearon proyectos como: la construcción de sistemas de agua potable y ampliación de red en zonas sin servicio, la construcción de redes de distribución y líneas de conducción de agua potable, la rehabilitación y sustitución de equipos de bombeo de mayor eficiencia y de bajo consumo de energía eléctrica, y el abastecimiento por medio de pipas con agua gratuita a la ciudadanía que vive en las partes altas del municipio.

El PMD propuesto por Jesús Evodio Velázquez Aguirre (2015-2018), se alineo con los ODS. El objetivo general del plan fue:

> Regir la planeación municipal en los próximos años, con base al diagnóstico obtenido que refleja objetivamente la realidad del territorio, el cual deriva en la atención a los requerimientos de los ciudadanos a través de objetivos, estrategias, programas y líneas de acción dirigidas a un mejoramiento del entorno en el que vivimos. Este plan de trabajo se ha fortalecido con la participación de cada una de las voces que han manifestado su interés por ser partícipes del desarrollo

municipal. (H. Ayuntamiento Constitucional de Acapulco, 2015, p. 10)

Para el cumplimiento del objetivo, se plantearon cinco ejes: 1) legalidad y seguridad pública, 2) modernidad, honestidad y orden en la administración, 3) servicios urbanos óptimos, 4) causas sociales de la violencia y 5) desarrollo económico sustentable y diversificado. Además, el plan incluyó cuatro estrategias transversales.

El eje tres estaba formado por trece programas (del 14 al 26), donde se incluye el Programa 17 Agua potable y alcantarillado. El objetivo del programa fue: *mejorar la calidad del servicio de agua y drenaje a fin de tratar en un mayor volumen las aguas residuales.* (Ibídem, p. 102)

El programa contenía 16 líneas de acción (252-267), de la cuales siete estaban supeditadas a realizar diferentes actividades relacionadas con el agua, una era para mejorar las condiciones laborales y las ocho restantes giraban alrededor del alcantarillado y saneamiento.

De las siete líneas de acción relacionadas directamente con el agua potable, se encaminaban a: la construcción de infraestructuras para reemplazar la toma directa del río Papagayo (la cual es la fuente principal de abastecimiento de Acapulco); la revisión y diagnóstico de los sistemas de bombeo y rebombo; la modernización del equipo para la detección y corrección de las fugas visibles y no visibles; el fomento de acciones para el desarrollo de una cultura responsable del agua; la realización de una valorización de la cartera vencida y determinar el sistema de cobro más adecuado; la vigilancia de la eficiencia operativa del sistema de cobro así como del padrón de usuarios con el fin de incrementar la facturación y el cobro e identificar fuentes complementarias para dotación de agua potable.

El PMD de Adela Román Ocampo (2018-2021), al igual que su antecesor, se alineo a los ODS. El objetivo general del plan es:

> Generar condiciones sólidas para la gobernabilidad y reconstrucción de la confianza social, con base en la legalidad y el empoderamiento ciudadano, a fin de atender de manera conjunta sociedad y gobierno los problemas que presenta el municipio en los órdenes político, social y económico. (H. Ayuntamiento Constitucional de Acapulco, 2018, p. 7)

El plan consta de tres ejes rectores: 1) municipio con gobernabilidad y empoderamiento ciudadano, 2) municipio con equidad y bienestar social, y 3) municipio con desarrollo económico solidario y crecimiento sostenible; los cuales contienen 23 grandes programas y seis políticas transversales. Cada eje rector está constituido por seis partes: 1) definición del eje, 2) diagnóstico, 3) objetivo, 4) estrategias, 5) líneas de acción e 6) indicadores.

El tema de agua y drenaje se encuentran insertos en el Eje 1 denominado Municipio con gobernabilidad y empoderamiento ciudadano, en la octava posición del Programa 5 nombrado como Calidad en los servicios públicos, con trece líneas de acción, de las cuales cinco se refieren al suministro de agua, los cuales giran alrededor del: cumplimiento con la extracción de agua del río Papagayo, la reparación de fugas en acueductos, redes principales y tomas domiciliarias, potabilizar la mayor cantidad de agua posible cumpliendo con las normas de calidad establecidas, la construcción, rehabilitación, mantenimiento o ampliación de los sistemas eléctrico y mecánico de las fuentes de captación, planta potabilizadora, tanques, estaciones y rebombeo de agua potable y mantener la distribución de agua en pipas a las colonias con problemas en la red de agua potable.

El suministro de agua en Acapulco

De acuerdo al Artículo 4° de la Constitución Política de los Estados Unidos Mexicanos, todas las personas tienen derecho al acceso, disposición y saneamiento de agua para consumo personal y doméstico en forma suficiente, salubre, aceptable y asequible; el Estado (en sus diferentes niveles de gobierno) será el encargado de garantizar este derecho. En el Artículo 115 Constitucional se encuentran los servicios públicos que los municipios deberán otorgar, entre ellos se encuentran: agua potable, drenaje, alcantarillado, tratamiento y disposición de sus aguas residuales.

En lo que respecta al Estado Libre y Soberano de Guerrero y de acuerdo a su Ley de Aguas Número 574, en el Artículo 37 se indica que, los Ayuntamientos podrán prestar los servicios públicos (agua potable, drenaje, alcantarillado, tratamiento de aguas residuales) en forma descentralizada a través de Organismos Operadores o convenir con otros Ayuntamientos la creación de Organismos Operadores Intermunicipales. Además, el Artículo 40 señala que para garantizar los servicios públicos en los municipios donde la población de la localidad principal sea mayor a 5,000 habitantes, se deberán crear Organismos Operadores Municipales.

La CAPAMA[1], tal como lo indica el Artículo 115 Constitucional, es el organismo operador encargado de ofrecer los servicios de agua potable, drenaje, alcantarillado, tratamiento y disposición final de aguas residuales tratadas; "es un organismo público descentralizado de la administración pública municipal, con personalidad jurídica, patrimonio propio y con funciones de autoridad administrativa". (Artículo 41 de la Ley de Aguas para el Estado Libre y Soberano de Guerrero Número 574)

El acrónimo del Organismo Operador ha cambiado en las dos últimas administraciones. Durante el segundo año de gobierno de Jesús Evodio Velázquez Aguirre (2015-2018), se cambió el acrónimo de CAPAMA por el de COAGUA. El cambio seria parte de la reestructuración administrativa de la paramunicipal, donde el objetivo (del cambio de acrónimo) es erradicar la mala percepción del organismo y recuperar la confianza de los ciudadanos (Perezcano, 2017). En la nueva administración municipal de Adela

[1] CAPAMA (Comisión de Agua Potable y Alcantarillado del Municipio de Acapulco).

Román Ocampo (2018-2021), se retomó nuevamente el de CAPAMA.

De acuerdo al Artículo 46 de la Ley del Aguas para el Estado Libre y Soberano de Guerrero Número 574, los organismos operadores contarán con: 1) un consejo de administración, 2) un consejo consultivo, 3) un director y 4) el personal directivo, técnico y administrativo que se requiera para su funcionamiento.

En lo que respecta al suministro de agua en Acapulco la fuente principal es el río Papagayo, el cual se ubica en la Región Hidrológica Administrativa (RHA) V Pacifico Sur, tiene un escurrimiento natural medio superficial de 4,333.3 hm^3/año, su área de cuenca es de 7,554 km^2, tiene una longitud de 140 km y es de sexto orden. (Sistema Nacional de Información del Agua, 2020)

De la fuente principal se derivan dos tipos de abastecimiento: 1) subterránea y 2) superficial. La fuente superficial corresponde al sistema Papagayo II y las dos fuentes subterráneas son los sistemas Papagayo I y Acueducto Lomas de Chapultepec.

> El sistema Papagayo I está formado por una serie de pozos de extracción del subálveo del río Papagayo a través de pozos: Raney, Radial, Someros I y Someros II. La capacidad total de explotación es de 1,230 litros por segundo (lps), su agua es de buena calidad, solo requiere cloración para su distribución. Abastece la zona baja de Acapulco, identificada como la de mayor actividad turística. El sistema Papagayo II está constituido por una toma directa del rio que

alimenta un cárcamo de succión, por esta razón presenta problemas de turbiedad y azolvamientos que hacen que esta agua deba ser tratada en la planta potabilizadora "El Cayaco"; además por las maniobras de desazolve que realiza la CFE (Comisión Federal de Electricidad) en el vaso de la presa hidroeléctrica La Venta (General Ambrosio Figueroa, ubicada en el municipio de Juan R. Escudero), la cual se encuentra aguas arriba de esta captación. El desazolve se realiza cuatro veces al año en promedio, generando la necesidad de cerrar la captación durante periodos que van de 16 a 24 horas, y en ocasiones tardan 72 horas para restablecer el servicio en la red de distribución. Mediante el sistema Papagayo II es posible captar hasta 2,000 lps. El sistema abastece las zonas alta y media del municipio, las cuales están comprendidas entre las cotas 275 a 100 y 100 a 50 metros sobre el nivel del mar (msnm). (Capama, 2016)

La tercera fuente de abastecimiento es el Acueducto Lomas de Chapultepec, el cual tiene más de 36 kilómetros (km) de longitud, en donde un kilómetro tiene conducción por bombeo y el resto es por gravedad, aporta 1,500 lps; "fomentará el desarrollo urbano y turístico de Barra Vieja y Punta Diamante. Permitirá liberar caudales del sistema Papagayo I y II, y se beneficiaran las colonias de las zonas de Renacimiento y Zapata, mejorando la eficiencia global del sistema" (Semarnat/Conagua, 2015, p. 60). Existen otros sistemas que suministran agua a Acapulco, por ejemplo, el Acueducto El Chorro[2], "este sistema aprovecha caudales de manantiales ubicados en el municipio vecino Coyuca de Benítez. El agua captada es conducida, almacenada y distribuida mediante nuestra infraestructura" (CAPAMA, 2018).

Además, el Instituto Mexicano de Tecnología del Agua (IMTA) identificó 23 sistemas conformados por pozos profundos localizados en la zona conurbada y rural, todos ellos abastecen a las localidades donde se ubican y no aportan a la zona urbana de Acapulco (IMTA, 2008). Además, se deben adicionar los caudales de agua que serán producidos por medio del proyecto "Suministro de agua potable y saneamiento de las zonas marginadas del Valle de La Sabana" (Programa Fondo Español), el cual concluyó en el año 2017.

Otra forma de suministrar agua potable a la población que habita en colonias que no cuentan con infraestructura hidráulica es a través de camiones cisterna (pipas) de manera gratuita (agua subsidiada). De acuerdo al segundo informe de gobierno de Adela Román Ocampo (2018-2021), se otorgaron 11,425 servicios de agua por medio de pipas gratuitas, beneficiando alrededor de 45,700 habitantes en un total de 500 colonias, las cuales fueron beneficiadas en repetidas ocasiones, dependiendo de la necesidad del vital

[2] El sistema hidráulico fue de los primeros que abasteció a Acapulco hasta finales de los años 90. Dado el alto costo que representa su rehabilitación, CAPAMA da el mantenimiento para que solo fluya el agua para las comunidades más próximas. El sistema no abastece de agua a Acapulco. (Nava, 2014)

líquido. Además, en colonias localizadas en asentamientos informales ubicadas en la periferia se abastecen por medio de pozos no registrados en el REPDA (Registro Público de Derechos de Agua).

De acuerdo a los datos de CAPAMA, el 60 por ciento del agua potable la consume el sector residencial y el 40 por ciento el sector comercial, además, la cantidad de conexiones de redes de agua en el municipio corresponde en un 60 por ciento a servicio tandeado, un 30 por ciento para servicio continuo y el 10 por ciento no cuentan con servicio de agua potable (Sener/Banco Mundial, 2016).

Sin embargo, el suministro, a través del tiempo ha sido deficiente y mermado, ya que al primer semestre del 2018 los predios registrados con servicio de 24 horas representaron el 25 por ciento (disminuyendo 5 puntos porcentuales); los predios con servicio de 16 a 23 horas representaron el 20 por ciento; los predios registrados con servicios de 8 a 15 horas el 30 por ciento y los predios con servicio de 8 horas o menos el 25 por ciento. (H. Ayuntamiento Constitucional de Acapulco, 2018)

Resultados

En lo que respecta a la demanda, se registraron 183,564 tomas de agua en Acapulco, de las cuales 174,265 corresponden al uso doméstico, 8,723 al comercial y 576 pertenecen a los servicios (Semarnat/Conagua, 2014).

El primer indicador de eficiencia es la cobertura de agua potable, la cual se clasifica en función de su ubicación. En el Censo de Población y Vivienda realizado por el INEGI en el año 2010, el grado de cobertura (en porcentaje) de viviendas con agua entubada en Acapulco era del 75.6 por ciento (153,619 viviendas), muy por debajo del promedio nacional que fue del 86.7 por ciento.

Tabla 2. Comparativo de cobertura de agua potable, 2010

Concepto	Viviendas con agua potable		Suma	Total de viviendas	Grado de cobertura (%)		
	Dentro del ámbito de la vivienda	Fuera del ámbito de la vivienda					
	1	2	3 = 1 +2	4	1/4	2/4	3/4
Total nacional	24’808,420	3’174,979	27’983,399	28’607,568	86.7	11.10	97.8
Guerrero	496,276	303,915	800,191	810,384	61.2	37.5	98.7
Acapulco	153,619	48,575	202,194	203,313	75.6	23.9	99.4

Fuente: elaboración propia a partir de INEGI 2010.

En la Encuesta Intercensal (INEGI, 2015), en Acapulco se tenían registradas 220,033 viviendas particulares habitadas, de las cuales el 65.1 por ciento disponen del servicio de agua entubada y el 95.8 por ciento cuentan con drenaje.

Para el segundo indicador de eficacia se utilizó la información de Semarnat/Conagua (2014), señala que la población atendida fue de 627,659 habitantes (91 por ciento), un caudal producido de 3,150 lps, una dotación media de 395 litros por habitante por día y el agua no contabilizada fue del 58 por ciento.

Otro indicador de eficiencia son las tomas registradas, de las cuales solamente el 19.5 por ciento cuentan con medidores con lectura, el restante o no funcionan (73.9 por ciento) o no están instalados (6.7 por ciento) (Semarnat/Conagua, 2014).

Tabla 3. Porcentaje de micromedidores: tomas de agua en Acapulco, 2014

Tomas de agua potable con medidores instalados	Doméstica	Comercial	Servicios	Total
Medidores con lectura	17.9	1.5	0.1	**19.5**
Medidores sin lectura o sin funcionar	70.9	2.8	0.2	**73.9**
Tomas de agua sin medidores instalados	6.1	0.5	0.1	**6.7**
Tomas de agua potable registradas	**94.9**	**4.8**	**0.3**	**100.0**

Fuente: elaboración propia a partir de Semarnat/Conagua (2014).

Los datos de la tabla tres se deben de interpretar con mucha cautela; aunque existe un alto grado de cobertura (99.4 por ciento) y alrededor de 95 tomas de agua registradas por cada 100, solamente una mínima parte tienen medidores funcionando (17.9 por ciento), lo que se traduce en un alto grado de clandestinaje o que los consumidores de agua pagan una cuota fija por consumo realizado no medido, o que existen tomas de agua toleradas con fines políticos.

El desabasto de micromedidores es un hecho recurrente en CAPAMA. Pero, si es importante señalar que el agua clandestina genera la insustentabilidad en la operación del organismo operador del servicio de agua potable en Acapulco.

1. El agua clandestina no se puede cobrar ni "medir". Esto tiene impactos económicos negativos en el organismo operador, y sus costos de operación son más elevados, repercutiendo directamente en su funcionamiento (sustentabilidad económica).
2. Cuando una gran cantidad de agua se pierde porque no se sabe cuánta se requiere para satisfacer las necesidades de la población; esto motiva a un aumento en la producción y en el deterioro de las fuentes de extracción y suministro, es decir, no existe una Gestión Integral de los Recursos Hidráulicos (GIRH) o no existe el manejo del agua desde su propia cuenca (sustentabilidad ambiental).
3. No existe la posibilidad de liberar y transferir caudales de agua entre sectores usuarios, debido a que el agua no es contabilizada y no

se conoce el consumo real, mermando de esta manera el suministro para la población en general, trastocando el derecho humano al agua (sustentabilidad social).

A partir de lo anterior, se presenta un organismo operador ineficiente e insostenible, debido al alto porcentaje de tomas de agua de las cuales se desconoce el consumo real y si le añadimos errores en la medición esto agrava el problema; lo cual se visualiza en su recaudación y la eficiencia en la cobranza, porque la facturación no se hace sobre un consumo real sino sobre un consumo aparente y por tomas toleradas.

Los siguientes indicadores son los utilizados por la CONAGUA para evaluar el desempeño de los organismos operadores, los cuales son:

- La eficiencia física, se estima en porcentaje y es el cociente entre el volumen de agua facturada y el volumen de agua producida.
- La eficiencia comercial, se obtiene en porcentaje y resulta de dividir el volumen de agua recaudado entre el volumen de agua facturada.
- La eficiencia global, en porcentaje, se define como el producto de las dos eficiencias anteriores.

Tabla 4. Porcentaje de eficiencia física, comercial y global en CAPAMA

Eficiencia	2014	2016	2017
Física	42.0	33.0	31.0
Comercial	62.0	84.0	76.0
Global	26.0	28.0	24.0

Fuente: Situación del Subsector Agua Potable, Alcantarillado y Saneamiento, varias ediciones.

La *eficiencia física* es el porcentaje sobre el cual se factura, el restante porcentaje de agua entregada no es contabilizada y se le considera como pérdidas físicas (fugas), clandestinaje y/o tomas toleradas. También se incluyen las deficiencias en el padrón de usuarios (errores de medición), lo que representa una deficiencia de tipo administrativo.

Para el año 2017 la eficiencia física fue de 31 por ciento y el resto es el agua no contabilizada (69 por ciento). Los ingresos están determinados por la *eficiencia comercial* (mide cobranza y cobertura), muestra el porcentaje del agua facturada que se cobra, lo cual le permite al organismo operador enfrentar los gastos en los que incurre. En el año 2014 la facturación fue de $550’440,557.00 y la recaudación ascendió a $340’737,360.00, lo que equivale a una eficiencia comercial del 62 por ciento.

La *eficiencia global* (2017) señala que, por cada 100 litros de agua producida, la CAPAMA sólo recibió ingresos por 24 litros de agua.

Los datos que se presentan en la tabla cinco son indicadores económicos y muestran de forma clara la situación que ostenta la CAPAMA (2014) a partir del volumen producido y vendido; los ingresos y egresos generados.

Tabla 5. Volumen y balanza de agua en Acapulco, 2014

Concepto	2014
Producido (m^3)	99'338,400
Vendido ($)	25'792,831
Balanza de agua	
Ingresos por servicios ($)	393'290,142.00
Egresos gastos corrientes ($)	587'095,611.00
Déficit en la Balanza de Agua ($)	193'805,469.00

Fuente: Semarnat/Conagua (2014).

El Índice labora señala el número de empleados por cada 1,000 tomas, en algunos países se considera como un índice de productividad por empleado y se determina por el cociente del número de empleados dividido entre los millares de tomas registradas por el prestador del servicio.

Tabla 6. Índice de productividad en CAPAMA

Año	2014	2016	2017
Valor del índice	8.8	9.0	9.4

Fuente: Situación del Subsector Agua Potable, Alcantarillado y Saneamiento, varias ediciones.

En la tabla siete se presentan los costos de operación e ingresos unitarios (indicadores económicos), en los que incurre el organismo operador.

Los costos de operación se dividen en:

El costo unitario por toma registrada, obtenido como el cociente de los egresos totales entre el número total de tomas registradas.

El costo unitario de producción, resulta del cociente de los egresos totales entre el volumen total de agua producida en el año.

Por el lado de los ingresos tenemos:

El ingreso unitario promedio, resulta de dividir los ingresos por la prestación de los servicios entre el volumen total producido en el año.

El ingreso unitario por toma registrada, es el cociente de los ingresos por la prestación de los servicios entre el número total de tomas registradas.

Tabla 7. Costos e ingresos unitarios en CAPAMA, 2014

Concepto	2014
Costos Unitarios	
Por toma ($/toma) (A)	3,198.32
Producción ($/m^3) (B)	5.91
Ingresos unitarios	
Por toma ($/toma) (C)	2,142.52
Promedio ($/m^3) (D)	3.96

Fuente: Semarnat/Conagua (2014).

La comparación entre (A) y (C) es el balance que permite tener flujo de caja. Son los costos unitarios en los que incurre la CAPAMA por toma ($3,198.32) y obtiene ingresos por $2,142.52, presentando un déficit por toma instalada. El costo por m^3 del volumen de agua producida por la CAPAMA asciende a $5.91 (renglón B) y en el renglón D se presenta el ingreso promedio por m^3 de agua producida y asciende a $3.96. Para los años 2016 y 2017 los costos de producción no tuvieron variación y ascendieron a $5.90 (por m^3); mientras que los ingresos unitarios fueron de $5.10 para ambos años (por m^3).

Ante esto, Contreras (2006) señala que, mantener tarifas por debajo de costos parecería más una política antisocial que una medida de orden social, los habitantes que no tienen agua la seguirán pagando cara porque no habrá recursos monetarios para ampliar las redes de suministro. Ante esta situación, ha existido un incremento paulatino de la tarifa de agua por consumo doméstico en Acapulco.

Gráfica 3. Evolución tarifas de agua en Acapulco ($/$m^3$ en consumo de 30 m^3/mes)

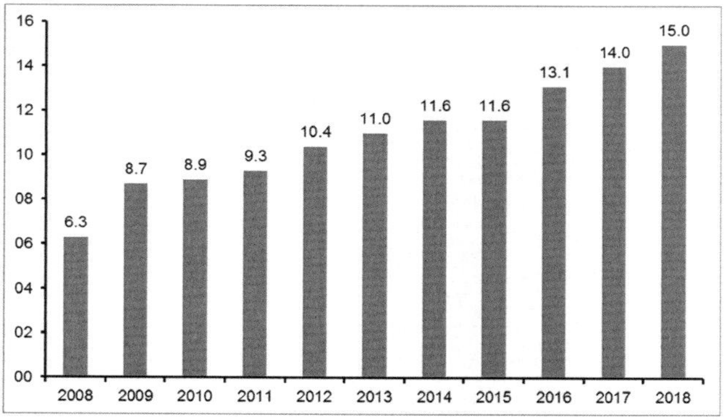

Fuente: Semarnat/Conagua, 2019, p. 88

En Acapulco, durante el periodo que va del año 2008 al 2018, la tarifa promedio de agua por m^3 no mayor a 30 m^3 fue de \$10.90, lo que representó un incremento porcentual entre la tarifa de 2008 al 2018 del 130.1 por ciento, es decir, paso de \$6.30 a \$15.00. El rango de consumo doméstico que va de 1.0 a 10.0 m^3 tiene una tarifa que asciende a \$6.452, en el siguiente intervalo que va de 10.1 a 20.0 m^3, la tarifa es de \$11.990. Estas tarifas se aplican al servicio doméstico.

Por lo regular, las tomas que tienen medidores sin lectura o sin funcionar, o son tomas de agua sin medidores instalados, se encuentran dentro de los rangos descritos con anterioridad, es decir, consumen el primer intervalo más un poco del segundo (por lo regular, se adicionan 6m^3), quedando una tarifa mensual de \$136.46; a esto se deben adicionar los costos por drenaje y saneamiento, y los aportes que se, por medio de la factura de agua, recaudan a instituciones no lucrativas como lo es la Cruz Roja.

Discusión

A partir de los resultados se puede señalar que las condiciones de operación de la CAPAMA no son las más adecuadas, se presenta un deterioro en la gestión del organismo, su manejo no es sustentable. Para asegurar la sustentabilidad en el organismo operador se requiere mejorar la eficiencia física, operativa, administrativa, económica y de calidad en el servicio.

Ante esto, es necesario tener una actualización en los sistemas de información para generar los indicadores que midan el desempeño del organismo operador y permita una evaluación objetiva con la finalidad de mejorar su eficiencia. La eficiencia implica lograr los mejores resultados para la sociedad, al menor costo social, económico y ambiental.

Los indicadores de gestión son un buen instrumento para la toma de decisiones, son herramientas que permiten evaluar la eficiencia y eficacia de los procesos que se realizan dentro de los organismos operadores. La eficiencia mide hasta qué punto los recursos de los sistemas de abastecimiento se utilizan de manera óptima para dar el servicio, mientras que la eficacia es la medida del grado del cumplimiento de los objetivos.

Cada indicador de desempeño debe expresa el nivel de actividad en cada una de las áreas del organismo operador durante un determinado período de tiempo, permitiendo una comparación clara con los objetivos definidos.

La CAPAMA presenta síntomas de "falta de agua" ocasionados por pérdidas físicas, consumos fuera de control, ineficiencias de tipo organizacional, técnico, comercial, tarifario, social, político, de endeudamiento, baja calidad del servicio, tarifas que no cubren la mayor parte de los costos, dificultades para cobrar las tarifas, costos de operación por encima de los ingresos, alta rotación del personal directivo, entre otros; lo que se traduce en insuficiencia de recursos económicos-financieros para operar y mantener apropiadamente las instalaciones del sistema de abastecimiento.

Los bajos niveles de eficiencia y calidad del servicio se deben a la falta de recursos para invertir en la rehabilitación y ampliación de la infraestructura, instalación de mejoras tecnológicas o capacitación. Sin embargo, lo que distingue a un buen organismo de uno malo es su capacidad de gestión. En otras palabras, un organismo operador con débil capacidad de gestión y de conocimientos técnicos por más dinero que reciba no podrá ofrecer mejores servicios de manera sustentable. El término de gestión lleva implícito el objetivo de eficiencia y eficacia, es decir, se debe tender a una buena administración y el aprovechamiento sostenible y sustentable.

Se requieren acciones de gestión encaminadas a preservar y evitar la contaminación de la principal fuente de abastecimiento (sustentabilidad ambiental) a partir del manejo del agua desde su propia cuenca, haciendo tareas necesarias para mantenerla en condiciones óptimas (programa de pagos por servicios ambientales). Además de mejorar y ampliar la cobertura, dotando del vital líquido de forma regular y disminuyendo las fugas, y combatir la desigualdad en la distribución entre la zona urbana (centro) y rural (periferia) (sustentabilidad social), mediante una mejor gestión social del agua. Es necesario realizar una revisión y actualización del padrón de usuarios, tipos de contratos, la instalación de micromedidores, una actualización de las tarifas y la recuperación de cartera vencida (sustentabilidad económica).

La CAPAMA debe dimensionar los alcances de la buena administración del "negocio" del agua, es decir, el negocio no necesariamente consiste en ganar dinero a través de la prestación del servicio, sino que un organismo operador (empresa de agua) tiene como objetivo principal: garantizar la sostenibilidad del desarrollo económico a partir de la dotación del recurso a las empresas que utilizan el agua como insumo, así como también el desarrollo social en materia hidráulica de la población en general y el desarrollo ambiental por medio de la conservación y mantenimiento de la fuente principal de abastecimiento[3].

Conclusiones

El tema del agua en el turismo ha sido relevante en los últimos años, la Organización Mundial del Turismo (OMT) hizo visible el valor del recurso hídrico como uno de los más importantes y lo manifestó en la conmemoración del Día Mundial del Turismo del año 2013 con e*l lema: turismo y agua, proteger nuestro futuro común.*

En muchos destinos turísticos la disponibilidad y suministro de agua está llegando a un punto de crisis y los impactos negativos que ha generado son altos. Algunos países (Estados Unidos, Italia, España, entro otros) han encontrado en la desalación la alternativa para el abasto de agua en centros turísticos, así como algunos estados insulares han comenzado a importarla (Bahamas, Mallorca, Corea del Sur, entre otros).

Además, el cambio climático aumentará las presiones sobre la demanda de agua, se presentaría una competencia

[3]Tomado de Agatón, *et al.* (2012).

entre las zonas urbanas y las hoteleras. Estas alteraciones ambientales serían recurrentes en las regiones dependientes de una sola actividad económica, como es el caso de Acapulco.

En Acapulco la actividad económica tiene sus peculiaridades por las sinergias que genera. Para su funcionamiento la actividad turística necesita disponer, lo mismo que otros sectores económicos y los propios habitantes, de agua en cantidad y calidad suficiente. Además, requiere cada día de nuevas y más inversiones en infraestructura hidráulica que mejore el suministro de este recurso, con la finalidad de hacerlo más competitivo.

El agua en Acapulco está vinculada a las actividades turísticas de muchas maneras. Por ejemplo, el abastecimiento de agua potable a hoteles y restaurantes constituye el uso del agua como bien intermedio. Otro elemento importante para la demanda de agua asociada al turismo proviene de las segundas residencias. En este caso la demanda de agua está desvinculada del crecimiento de la población local y se concentra en las regiones que tienen mayor plusvalía para el turismo.

Aunado a lo anterior, la demanda turística se concentra en períodos de bajas precipitaciones y produce una mayor presión sobre los recursos naturales (en concreto el agua); además, el grueso de la actividad turística se concentra en lugares del territorio con una menor provisión de agua. Esta distribución espacial unida a la elevada estacionalidad del turismo constituye un importante reto para el suministro de agua.

No se trata de un discurso enfrentando al turismo como actividad, sino de apostar por la propia capacidad de mantener un organismo operador competitivo y sustentable. Lo que significa que para administrar el organismo operador no se puede ni se debe improvisar, ya que su manejo técnico, administrativo y socioeconómico debe realizarse por personal especializado, como si fuera un negocio privado. En los negocios privados para medir su desempeño se realizan evaluaciones constantes, con la finalidad de detectar deficiencias durante la operación y emitir diagnósticos para mejorar.

El desempeño del organismo operador será mejor si el servicio es continuo en cantidad y calidad de agua, si se conocen los elementos que forman su infraestructura, si tiene registros confiables de sus usuarios, si sabe cuánta agua produce y entrega a los consumidores, si utiliza toda la capacidad de sus unidades de tratamiento, si son atendidas todas las quejas de los usuarios y ellos a su vez pagan por el servicio, y si los costos de operación, mantenimiento y administración son amortizados por el propio organismo operador, entonces se puede tener un organismo operador sustentable.

Referencias bibliográficas

Agatón L., D. et al. (2012). "Indicadores de gestión en el suministro de agua potable en una ciudad turística: el caso de Zihuatanejo de Azueta, estado de Guerrero". En *XVII Foro de Estudios sobre Guerrero.* México: COCYTIEG.

Agua.org.mx (2020). "¿Cuánta agua hay en el planeta?" en *Agua.org.mx.* Recuperado de **https://agua.org.mx/en-el-planeta/.**

Banegas, I. (2020). "Introducción" en Mario Luis Fuentes e Israel Banegas (coord.). *Nuevas miradas a las políticas y los desafíos del desarrollo social en México.* México. Universidad Nacional Autónoma de México/Coordinación de Humanidades/Programa Universitario de Estudios del Desarrollo, pp. 11-19.

CAPAMA (2016). "Infraestructura" en *CAPAMA.* Recuperado de https://www.capama.gob.mx/infraestructura#

CONEVAL (2014). *Manual para el Diseño y la Construcción de Indicadores. Instrumentos principales para el monitoreo de programas sociales de México.* Documento de trabajo. México: CONEVAL.

Consejería Jurídica del Gobierno de Guerrero. *Ley de aguas para el estado libre y soberano de Guerrero número 574.* Chilpancingo, Guerrero; México.

Contreras, H. (2006). "¿Cómo lograr la eficiencia en los Organismos Operadores de Agua? Antes que más recursos, nuevas reglas del juego". *Seminario de*

Economía y Medio Ambiente. México: Universidad Iberoamericana.

De Miguel D., M. (2000). "La evaluación de programas sociales: fundamentos y enfoques teóricos" en *Revista de Investigación Educativa*, Asociación Interuniversitaria de Investigación en Pedagogía, Vol. 18 (2), 289-317.

Food and Agriculture Organization of the United Nations (2020). "Indicador 6.4.2. Nivel de estrés hídrico" en *Objetivos de Desarrollo Sostenible*. Recuperado de http://www.fao.org/sustainable-development-goals/indicators/642/es/#:~:text=Principales%20resultados,pa%C3%ADses%20de%20todos%20los%20continentes

FCAS/CONAGUA/CAPASEG/CAPAMA (2010). *Proyecto de suministro de agua potable y saneamiento de las zonas marginadas del Valle de La Sabana en el estado de Guerrero*. Acapulco, Guerrero; México.

Gobierno de la Republica (2015). *Los Objetivos de Desarrollo del Milenio en México. Informe de avances 2015*. Recuperado de: https://backend.aprende.sep.gob.mx/media/uploads/proedit/resources/los_objetivos_de_des_01e5566b.pdf

Gobierno de la Republica (2018). *Informe Nacional Voluntario para el Foro Político de Alto Nivel sobre Desarrollo Sostenible*. Bases y Fundamentos en México para una Visión del Desarrollo Sostenible a Largo Plazo. Avance en el cumplimiento de la Agenda 2030. Recuperado de: https://sustainabledevelopment.

un.org/content/documents/20125INFORME NACIONAL VOLUNTARIO 060718.pdf

H. Ayuntamiento Constitucional del Municipio de Acapulco de Juárez, Guerrero (2009). Plan Municipal de Desarrollo 2009-2012, Manuel Añorve Baños.

H. Ayuntamiento Constitucional del Municipio de Acapulco de Juárez, Guerrero (2012). Plan Municipal de Desarrollo 2012-2015, Luis Walton Aburto.

H. Ayuntamiento Constitucional del Municipio de Acapulco de Juárez, Guerrero (2015). Plan Municipal de Desarrollo 2015-2018, Jesús Evodio Velázquez Aguirre.

H. Ayuntamiento Constitucional del Municipio de Acapulco de Juárez, Guerrero (2018). Plan Municipal de Desarrollo 2018-2021, Adela Román Ocampo.

Hansen R. M. P., *et al.* (2006). *Indicadores de gestión en organismos operadores de agua potable de México; resultados generales.* Documento de trabajo/IMTA. Jiutepec, Morelos; México.

IMTA. (2018). "Programa de Indicadores de Gestión de Organismos Operadores" en *PIGOO/IMTA*. Recuperado de http://www.pigoo.gob.mx/Inicio

ICMA. (2013). *Taller de Presupuesto Basado en Resultados (PbR).* Documento de Trabajo, Acapulco, Guerrero; México. H. Ayuntamiento Constitucional de Acapulco de Juárez.

IMTA. (2008). *Análisis de la infraestructura hidráulica, de alcantarillado y saneamiento; así como, evaluación de la calidad bacteriológica de agua en fuentes de abastecimiento para consumo humano, en la ciudad de Acapulco de Juárez.* México: IMTA/SEMARNAT.

INEGI. (2010). *Censo de Población y Vivienda 2010. Principales resultados por localidad (ITER).* México: INEGI.

INEGI. (2015). *Resultados definitivos de la encuesta intercensal 2015.* Recuperado de: https://www.inegi.org.mx/contenidos/programas/intercensal/2015/doc/especiales2015_12_3.pdf

INEGI. (2015). *Panorama Sociodemográfico de Guerrero 2015.* México: INEGI.

INEGI. (2016). *Principales resultados de la Encuesta Intercensal 2015 Guerrero.* México: INEGI.

INEGI. (2018). *Estadísticas a propósito del día mundial del Agua.* Recuperado de https://www.inegi.org.mx/contenidos/saladeprensa/aproposito/2018/agua2018_Nal.pdf

Losada M., S. (2016). *Metodología de la intervención social.* Madrid, España: Editorial Síntesis.

McKinsey & Company (2020). Valuing nature conservation. A methodology for quantifying the benefits of protecting the planet's natural capital. Recuperado de: https://www.mckinsey.com/~/media/McKinsey/Business%20Functions/Sustainability/Our%20Insights/Valuing%20nature%20conservation/Valuing-nature-conservation.pdf

Midgley, J. (1999). *Social Development. The developmental perspective in social welfare.* London: SAGE Publications Ltd.

Nava, J. (29 de Julio de 2014). "El Chorro, unas cascadas en la sierra de Tixtlancingo" en *Revista Costa Brava*. Recuperado de http://www.revistacostabrava.com/publicidad/el-chorro-unas-cascadas-en-la-sierra-de-tixtlancingo/

Organización de las Naciones Unidas (2019). *Informe de los Objetivos de Desarrollo Sostenible 2019*. Recuperado de: https://unstats.un.org/sdgs/report/2019/The-Sustainable-Development-Goals-Report-2019_Spanish.pdf

Organización de las Naciones Unidas-México (2020). "Objetivo de Desarrollo del Milenio" en *Naciones Unidas-México*. Recuperado de https://www.onu.org.mx/agenda-2030/objetivos-de-desarrollo-del-milenio/

Perezcano, A. (2017). "Cambia el acrónimo de Capama por el de Coagua, informa Evodio Velázquez" *en La Jornada Guerrero*. Recuperado de https://www.lajornadaguerrero.com.mx/index.php/sociedadyjusticia/item/1201-cambia-el-acronimo-de-capama-por-el-de-coagua-informa-evodio-velazquez

Pradilla, B. (2015). "Estrés del agua" en *iagua*. Recuperado de https://www.iagua.es/blogs/beatriz-pradillo/estres-agua

Román O., A. (2019). Segundo Informe de Gobierno (2018-2021). H. Ayuntamiento Constitucional de Acapulco de Juárez.

Saavedra H., J. R., *et al.* (2017). *Indicadores de Gestión Prioritarios en Organismos Operadores*. México: CONAGUA/IMTA.

Salas D., I. A. & Murillo G., F. (2010). "La evaluación de los programas públicos en México: una mirada crítica al CONEVAL" en *Revistas ICE*, Información Comercial Española, N. 857, 153-162.

Salazar A., A. y N. Pineda P. (2010). "Factores que afectan la demanda de agua para uso doméstico en México" en *Revista Región y Sociedad*, Colegio de Sonora. Vol. XXII (49), 3-16.

Saldívar, A. (2002). México, la economía del desarrollo insustentable. Ponencia presentada en el Simposio Internacional, "*El reto ambiental, responsabilidad compartida: una visión desde México*". Recuperado de: https://www.mundosigloxxi.ipn.mx/pdf/v01/01/03.pdf

Secretaría de Gobernación/Unidad General de Asuntos Jurídicos. *Constitución Política de los Estados Unidos Mexicanos*. Recuperado de http://www.ordenjuridico.gob.mx/Constitucion/cn16.pdf

SEMARNAT/CONAGUA. *Situación del Subsector Agua Potable, Drenaje y Saneamiento, Edición 2014*. México: SEMARNAT/CONAGUA.

SEMARNAT/CONAGUA. *Situación del Subsector Agua Potable, Drenaje y Saneamiento, Edición 2016*. México: SEMARNAT/CONAGUA.

SEMARNAT/CONAGUA. *Situación del Subsector Agua Potable, Drenaje y Saneamiento, Edición 2017*. México: SEMARNAT/CONAGUA.

SEMARNAT/CONAGUA. *Situación del Subsector Agua Potable, Alcantarillado y Saneamiento, Edición 2019*. México: SEMARNAT/CONAGUA.

SEMARNAT/CONAGUA. (2014). *Programa Nacional Hídrico 2014-2018*. México: SEMARNAT/CONAGUA.

SEMARNAT/CONAGUA (2015). "Proyectos Estratégicos: Agua Potable, Drenaje y Saneamiento". *Programa Nacional de Infraestructura 2014-2018*. México: SEMARNAT/CONAGUA.

SEMARNAT/CONAGUA (2019). *Estadísticas del Agua en México edición 2018*. México: Semarnat/Conagua.

SENER/Banco Mundial (2016). Evaluación Rápida del Uso de la Energía. Acapulco de Juárez, Guerrero. México: SENER/Banco de México.

Sil Acosta, M. (1998). "La Gestión Ambiental en México" en Américo Saldívar V. (coord.). *De la Economía ambiental al Desarrollo Sustentable*. México. Universidad Nacional Autónoma de México/Facultad de Economía, pp. 97-120

Sistema Nacional de Información del Agua. (2020). "Ríos principales (nacional)" en *SINA CONAGUA*. Recuperado de http://sina.conagua.gob.mx/sina/tema.php?tema=riosPrincipales&ver=reporte&o=1&n=nacional

Sistema Nacional de Información del Agua. (2020). "Grado de presión sobre el recurso hídrico por región hidrológico-administrativa" en *SINA CONAGUA*. Recuperado de http://sina.conagua.gob.mx/sina/index_jquery-mobile2.html?tema=gradoPresion

Uribe V., R. y Vázquez del Mercado, R. (2017). La Huella Hídrica de México. En Vázquez del Mercado, R y Lambarri B., J. (Ed.), *Huella hídrica en México: análisis y perspectivas* (pp. 35-52). Jiutepec, Morelos: SEMARNAT/IMTA.

World Economic Forum (2019). *Informe de Riesgos Mundiales Edición 2019*. Recuperado de: https://www.oliverwyman.com/content/dam/oliver-wyman/v2/publications/2019/January/ES-Global-Risks-Report-2019.pdf

World Wildlife Fund (2020). *Living Planet Report 2020 - Bending the curve of biodiversity loss*. Almond, R.E.A., Grooten M. and Petersen, T. (Eds). WWF, Gland, Switzerland. Recuperado de: https://wwfeu.awsassets.panda.org/downloads/lpr20_full_report.pdf

CAPÍTULO CUATRO

EVALUACIÓN DE LA CALIDAD DEL AGUA Y LA SOCIEDAD TURÍSTICA: CASO PLAYA TLACOPANOCHA DE ACAPULCO, GUERRERO

Juan José Dimas Mojarro
Diana Lisseth Dimas García

Introducción

La playa es un ambiente complejo en donde convergen diversas visiones, por tal razón debe ser definida de forma multidisciplinaria. Así, se entiende como playa a la unidad geomorfológica presente en la mayor parte de las costas, siendo un recurso a través del cual se obtienen ventajas económicas (turismo, recreación, desarrollo inmobiliario), además representa uno de los espacios favoritos de la población para el esparcimiento, la recreación y el descanso (Noguera *et al.*, 2012; Botero *et al.*, 2015).

Las principales causas de la contaminación en los mares y océanos son las aguas residuales que proceden principalmente de los hogares, los comercios y las industrias. Todos los residuos de plásticos vertidos al mar afectan directamente a la fauna marina, ya que confunden estos desechos con comida o se quedan atrapados en ella. Alrededor del 70%-75% de la contaminación marina global es producto de las actividades humanas que tienen lugar en la superficie terrestre. Un 90% de los contaminantes es transportado por los ríos al mar y posteriormente a las playas costeras.

Por otro lado, entre un 80% de la población mundial (aproximadamente 3.6 billones de personas); se ubica en las costas o cerca de ellas, especialmente en zonas urbanas, donde una parte importante de los desechos que allí se producen se deposita directamente en el océano. Como consecuencia, muchos ecosistemas críticos, algunos únicos en el mundo, tales como bosques de manglar, arrecifes coralinos, lagunas costeras y otros lugares de interface entre la tierra y el mar, han sido alterados más allá de su capacidad de recuperación.

A su vez, la modificación del cauce de los ríos que drenan al mar y la alteración del flujo del agua que escurre en dichos ríos, a causa de la construcción de represas, extracción de áridos o encauzamientos, también han afectado los ecosistemas marinos y ambientes asociados. Esto se debe a la reducción y/o al incremento de nutrientes, sedimentos y contaminantes, y a sus efectos en los patrones de movimiento y circulación de las aguas. Estas alteraciones afectan principalmente los estuarios, golfos y otros cuerpos acuosos con las franjas de playa costera, que tienen limitado movimiento y renovación.

Según las recientes evaluaciones sobre el estado del medio ambiente marino de la región, en América Latina, la contaminación marina proveniente de tierra firme, ocupa un lugar destacado. Por esta razón, la comunidad internacional ha manifestado su interés en diseñar y aplicar estrategias que permitan reducir y controlar los efectos negativos hacia las playas. A través de este documento, se presenta la situación regional respecto a la contaminación originada en las cuencas hidrográficas y que es transportada por los ríos, así como el impacto ambiental que tiene sobre el mar y las zonas costeras. Se examinan las políticas y los instrumentos que pueden implementarse para controlar la contaminación de las aguas marinas y de qué forma son utilizados por los países de la región.

La diversificación de las actividades humanas y sus efectos ambientales ocurren en la mayoría de los casos desde una configuración local, lo que ha obligado a los gobiernos llevar a la práctica acciones preventivas y correctivas sobre la contaminación del aire, agua, suelo y eliminación de residuos. La disminución de la calidad del ambiente en ocasiones tiene costos económicos, sociales y político en las diferentes comunidades (Fernández, 2008).

En el 2003 al 2007 se inició el Sistema Nacional de Información sobre la calidad del agua en playas mexicanas mediante el esfuerzo conjunto de las Secretarías de Marina, Medio Ambiente y Recursos Naturales, Salud y Turismo (CONAGUA 2007). A lo largo de esos años se logró sistematizar y homogeneizar el monitoreo del agua de mar, de acuerdo a los criterios descritos por la Organización Mundial de la Salud (OMS) para las aguas de mar de contacto recreativo (OMS, 2007); ya que, al existir contaminantes, las cuales son sustancias introducidas en el agua que tiene efectos no deseados o que afectan negativamente la calidad del agua de mar, pueden causar daños a las personas que utilizan el agua para recrearse. Esto a largo plazo puede cambiar la tasa de crecimiento de las especies de plantas o animales que viven dentro del mar, o al interferir con los servicios humanos como es la salud.

México sigue sin tratar el 62 por ciento de sus aguas residuales, afirma Greenpeace: de los 154 municipios costeros del país, 73 no tienen planta de tratamiento de aguas residuales y por ese motivo, cada segundo llega más de 200.000 litros de aguas sucias a las cuencas y océanos del país. En el 2008, el gobierno federal se comprometió a tratar el 60 por ciento de las aguas residuales de todo el país al 2012, sin embargo, en lo que va de esta administración únicamente han aumentado dos puntos porcentuales, del 36 al 38 por ciento, (Greenpeace, México,2009).

De acuerdo al Travel report (2018), las playas más sucias, conocidas internacionalmente son:

1. Qawra, Malta la cual es denominada como "la cloaca de malta". Esta playa a pesar de no tener tantos desechos, está llena de cemento y hormigón, que terminan afectando al medio ambiente, por eso es una de las playas más contaminadas del mundo. Se encuentra ubicada al norte de Malta, además de

estar en mal estado no ofrece ninguna seguridad a las personas que se aventuran a visitarla.

2. La playa Quingdao ubicada en la provincia de Shandong (al norte de China) hay un serio problema de algas verdes. Es casi imposible caminar en ella y las algas terminan atrapando todo tipo de basura que llega desde el mar o desde la tierra.
3. La playa Staithes, que se encuentra en Inglaterra, la cual el Reino Unido hace gala de una de las playas más sucias e insalubres del mundo, ésta es la playa más contaminada de toda Europa. Diversas fuentes de contaminación cercanas a ellas, provocan que el agua que llega hasta las costas esté llena de residuos. Razón por la que no es recomendable para uso recreativo.
4. Playa Doheny, California es una de las playas cuyas aguas está más contaminada de sustancias y basura flotante. Se ha intentado realizar trabajos de rescate a la playa, pero las toneladas de basura rebasan la ayuda humana.
5. Maho, Saint Martin Es una playa en el lado neerlandés de la isla caribeña de San Martín. Al estar ubicada detrás de un puerto aéreo, no solo la hace contaminada, sino peligrosa de visitar, lo cual las costas hawaianas son conocidas por su belleza natural.
6. Playa Kamilo, Hawái, una playa lejana en el distrito rural Ka'u de la Isla Grande, no podría estar más lejos de esa concepción. Ésta antigua maravilla natural de Hawái, hoy luce más como un basurero. Aquí no se encuentran conchas de mar, sino cepillos de dientes,

colillas de cigarros, fragmentos de plástico y botellas de cualquier tipo.

El monitoreo de la calidad del agua, se realiza mayormente en los países Internacionales para verificar si hay cambios en el agua de mar y si se encuentra en óptimas condiciones o no para el uso recreativo de los turistas visitantes. La aplicación de los requisitos que establece la presente norma mexicana comprende las dos modalidades de playa: 1) Para uso recreativo. 2) Prioritaria para la conservación (EPA, 2002).

Mundialmente se reconoce que una zona costera con la playa, contribuye de manera importante al desarrollo del potencial turístico de una región, por lo que la incidencia de las diversas actividades humanas en la calidad de las aguas marinas se manifiesta como prioritaria para muchos países (Salas y Bartram, 2003).

La certificación otorga beneficios potenciales para la sociedad, el medio ambiente y para los gobiernos, estos sistemas ofrecen una opción eficaz a la reglamentación directa. Para el caso de playas para uso recreativo se debe cumplir con: excelente calidad de agua, lagunas costeras y estuarios, libre de contaminantes (INE, 2000).

La calidad bacteriológica del agua en la playa debe ubicarse dentro del límite de 100 Enterococos NMP/100 ml (Número Más Probable/100 ml). La selección de los sitios de muestreo se hace tomando como criterios las características físicas, geográficas e hidrológicas, tamaño y zona de afluencia de turistas, contando como mínimo con tres estaciones de muestreo: 1) al centro de la playa, 2) límite del lado izquierdo del área de playa y 3) límite del lado derecho del área de playa (SCFI, 2016).

Por otro lado, Pronatura México, dice que existen 20 playas más limpias en México y que poseen una ecología marina muy importante. También anunció las playas acreedoras al reconocimiento de la Foundation for Environmental Education (FEE), en donde playas mexicanas buscan obtener la denominación Blue Flag. Para recibir la denominación Blue Flag, las playas deben cumplir con los principales criterios que abarcan los siguientes puntos: 1) Educación y Medio Ambiente, 2) Calidad del Agua. 3) Gestión Ambiental y 4) Seguridad y Servicios (Forbes, 2015).

La sustentabilidad y la certificación son productos de un buen desarrollo sostenible al mantener las playas limpias a Nivel Internacional, Nacional, Estatal y Municipal, para un buen desarrollo turístico. En los últimos años se ha generado en la República Mexicana una conciencia sobre la necesidad de integrar las políticas ambientales y de sustentabilidad, a las políticas generales de desarrollo turístico (Silva *et al;* 2014).

En Guerrero se habla también de sus playas, del océano Pacífico, en donde se encuentra las principales playas de la República Mexicana. Las playas que pudieron ostentar para la Temporada 2015 y 2016 el distintivo Blue Flag son en Acapulco de Juárez: Icacos I, Icacos II, y el Revolcadero I, Revolcadero II. En Zihuatanejo de Azueta: El Palmar I y El Palmar II (Pronatura, 2016).

En el Anfiteatro de Acapulco, como muchos otros lugares costeños de México, cuenta con diversas playas cuyos nombres corresponden a hechos históricos, costumbres o simplemente circunstancias naturales. Entre las principales del puerto se encuentran: La Roqueta, Caleta, Caletilla, el Morro, Manzanillo, Honda, Hornos Condesa, Icacos I y II que pertenecen a la Bahía de Acapulco (CONAGUA, 2007). Además, en Acapulco existen otras playas, entre ellas se encuentra la playa Tlacopanocha[4], la cual necesita ser supervisada por el Municipio y el Gobierno del Estado, manteniéndola optima a través de la NOM-001-SEMARNAT-1996 (SEMARNAT-1997) y Norma NMX-AA-120SCFI–2006 (SCFI-2016), para aguas limpias de Sector Salud o SEMARNAT, monitoreos mensuales de estudios y análisis fisicoquímicos y bacteriológicos, para evitar que siga de manera permanente la contaminación extensiva.

En lugares donde existen presiones por las actividades humanas y cambios en las costas de playa que ponen en riesgo la salud de los ecosistemas marinos y al turismo, se de aplicar la norma la NOM-001-SEMARNAT-1996 (SEMARNAT-1997) y la Norma NMX-AA-120SCFI–2006 (SCFI-2016), para aguas limpias; las cuales incluyen medidas ambientales para la protección al ambiente, en las playas turísticas, en materia de calidad de agua, residuos sólidos, infraestructura costera, biodiversidad, seguridad y

---

[4] Antiguamente, en el área de la playa Tlacopanocha se manejaba una moneda de madera llamada *tlaco*, a su vez, en este sitio los nativos vendían y compraban un dulce llamado *panocha*, y dado a este motivo se le fue denominado a través de los años como Tlacopanocha (véase: https://es.wikipedia.org/wiki/Playa_Tlacopanocha).

servicios, educación ambiental y contaminación por ruido (EPA, 2003).

Actualmente, en Acapulco, la Secretaría de Salud y en coordinación con ésta, realizan los muestreos y análisis del agua en cada uno de los 17 estados costeros de México. La publicación de la calidad del agua de las diferentes playas, construida de manera conjunta entre la SEMARNAT y la COFEPRIS, cumple con la Ley de Transparencia y Acceso a la Información Gubernamental y se contribuye a generar conciencia y corresponsabilidad ciudadana respecto a los riesgos ambientales en los que se tiene un papel que cumplir. Esto se considera conjuntando los estudios que se pueden realizar, por ejemplo: la concentración de enterococos es considerado como un buen indicador de las condiciones sanitarias del agua de mar ya que sobrevive y crece en condiciones muy adversas.

La SEMARNAT y la Secretaría de Salud establecieron que el agua de una playa representa un riesgo sanitario si sobrepasa las 200 bacterias por cada 100 mililitros. Para conservar este recurso natural de playa, es importante contar con información acerca de su calidad, relacionada con los atributos que presente el agua de mar, de manera tal, que reúna criterios de aceptabilidad para diversos usos recreativos y que el turismo local, nacional o internacional pueda bañarse y realizar su actividad acuática deportivas.

De aquí la importancia que tiene esta investigación que comprende todos los parámetros que influyen en el uso benéfico del agua, como son los físicos, químicos y microbiológicos. Para ello debe evaluarse la presencia de sustancias que puedan afectar la salud, el bienestar del hombre o ser una amenaza para el ambiente (Martínez y Trujillo 2007).

La hipótesis de trabajo sugiere que: la playa Tlacopanocha no cumple con las Normas Oficiales Mexicanas de playas limpias, y no es exclusiva para uso recreativo turístico. Además, se plantean cuatro objetivos fundamentales:

1. Observar mediante un estudio exploratorio visual macroscópica, la playa Tlacopanocha, en época de secas y de lluvias, durante el año 2019.
2. Evaluar mediante el estudio fisicoquímico la calidad del agua en base a la Norma NOM-001-SEMARNAT-1996 (SEMARNAT 1997); para aguas costeras.
3. Evaluar mediante el estudio bacteriológico de la calidad del agua en base a la Norma NMX-AA-120-SCFI-2006 (2016), COFEPRIS para playas limpias.
4. Conocer la opinión y percepción de los turistas al observar que la playa está contaminada.

Metodología

Para desarrollar este trabajo se recurrió a métodos de investigación cualitativa y cuantitativa. Esta fue una investigación de tipo exploratoria, observacional, descriptiva y experimental en una primera aproximación al objeto de estudio. El método utilizado fue deductivo a partir del planteamiento general, en este caso de cómo se observa a simple vista la playa y confirmando con un estudio experimental fisicoquímico y bacteriológico realizado en el laboratorio de investigación de la de la Universidad Autónoma de Guerrero y de la Maestría Gestión Sustentable del Turismo Acapulco, sobre una parte del destino turístico de Acapulco. Es decir, a partir de lo encontrado en otros estudios se buscó establecer que eso mismo está pasando en la playa Tlacopanocha. Por el tiempo en que se efectuó la investigación fue de tipo transversal, complementándose con información documental y de campo.

Localización del área de estudio

Tlacopanocha es una pequeña playa ubicada en el puerto de Acapulco, Guerrero, en el sur de México. Se localiza en centro del puerto, junto al malecón y sobre la Avenida Costera Miguel Alemán de dicha ciudad, dentro de la zona turística denominada como Acapulco Tradicional. Geográficamente se ubica al sur-suroeste de la bahía de Acapulco, en las coordenadas 16°50′43.14′′N y 99°54′28.00′′O. Tiene una longitud aproximada de 100 m y se encuentra a unos 290 m de la Plaza Álvarez, principal plaza del puerto de Acapulco (ver figura 1).

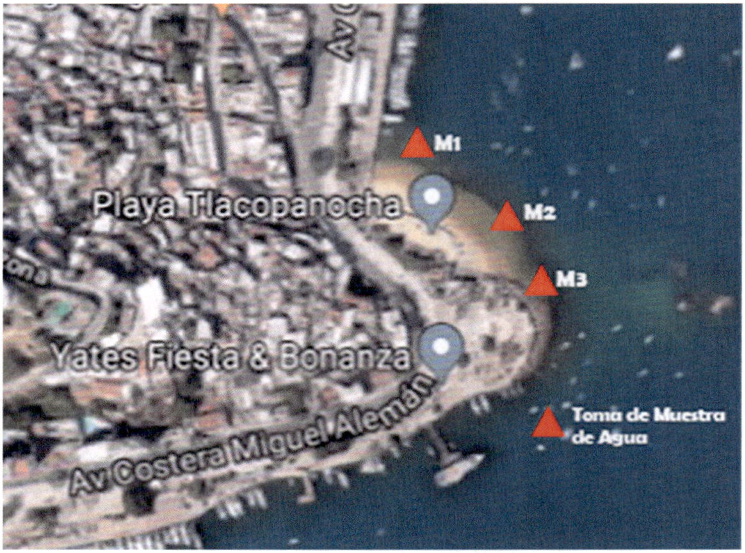

Figura 1. Ubicación playa Tlacopanocha y puntos de muestreos Georreferénciales M1, M2 y M3 (Muestra compuesta), para el estudio fisicoquímico y bacteriológico del agua, (Mapa satelital aéreo Google Earth modificado Juan J. Dimas Mojarro, febrero, 2019).

Para el sitio de observación visual macroscópica (Denzin, 2001)

Se realizó un estudio exploratorio visual macroscópico sobre el grado de contaminación observado en la franja de playa como son residuos sólidos, grasas y aceites, maleza, detergentes, Aguas Negras, Heces fecales (Flotante) para ello se consideró una escala arbitraria como parámetro para medir la contaminación en: +++++ Muy abundante,

++++ Abundante, +++ Regular, ++ Escasa, + Muy escasa, - No hay.

Sitios de muestreo de aguas

Las muestras de agua de mar se tomaron en horario de las 08:00 am en la playa Tlacopanocha, donde hay gran afluencia de turistas de distintas nacionalidades, considerando lo siguiente: antecedentes de contaminación y la presencia de descargas de aguas residuales y alcantarillado desembocando hacia la playa Tlacopanocha de la Bahía de Acapulco. Es una zona de oleaje tranquilo, se tomó las muestras de agua considerando, que el contenido de agua de mar no hubiera nada de arena, se tomó la muestra en área donde la profundidad del agua llegó a 1.0 metro, la muestra se tomó a contracorriente del flujo entrante y a 1, 2 y 3 metros de distancia superficial del agua, para formar una muestra compuesta.

Se puntualizó el muestreo bajo las Coordenadas Geográficas: M1 a 1 metro de franja de playa (descarga directa), 16º 49´ 16. 2" Norte, 99º 54´ 46. 1" Oeste y, M2 a 2 metros de (extensión superficial) 16º 49´ 16. 3" Norte, 99º 54´ 47. 4" Oeste y M3 a 3 metros 16º 49´ 16. 5" Norte, 99º 54´ 48. 6" Oeste, con vientos de Sur a Norte de la Bahía de Acapulco.

Muestreos en el laboratorio

El muestreo se llevó a cabo de manera diferenciada en función de los parámetros para analizar. Para los fisicoquímicos y microbiológicos, se utilizaron frascos de color ámbar con tapón estéril con capacidad de 200 ml. Las muestras de agua se preservaron de a 1°C a 5°C y a la oscuridad durante su transporte al laboratorio en una hielera hermética, la cual se trasladó al laboratorio sin rebasar las 24 horas tomadas desde la obtención de la muestra hasta el análisis. En el laboratorio del Instituto Tecnológico de Acapulco y el laboratorio de la Maestría Gestión Sustentable del Turismo Acapulco, lugar donde se procedió de manera inmediata a realizar el análisis (APHA, 2000 y Dimas, 2019).

Metodología analítica

Se analizaron *in situ* de aguas superficiales la temperatura (NMX-AA-007-SCFI-2013),el pH (NMX-AA-008-SCFI-2011) y algunos análisis fisicoquímicos en el laboratorio como grasas y aceites (NMX-AA-005-SCFI-2013), Sólidos Suspendidos Totales (SST) (NMX-AA-034-SCFI-2015), Demanda Bioquímica a 5 días (DBO5) (NMX-AA-028-SCFI-2001), Demanda Química de Oxígeno (DQO) (NMX-AA-030/1-SCFI-2012) y Nitrógeno de Nitratos (N-NO3) con la Norma, NMX-AA-079-SCFI-2001 y otros como son, el porcentaje de saturación de oxígeno disuelto, salinidad y conductividad eléctrica, se realizó en un aparato HI-9828 multiparámetro que puede medir estos parámetros fisicoquímicos del agua de mar de forma directa con parámetros referenciales. El proceso se basó en la acción de la sonda del multisensor basado en un microprocesador, y se midió los parámetros antes mencionados para evaluar la calidad del aguade mar. Utilizando la misma sonda a 1 metro de profundidad sin la necesidad de volver a calibrar el sistema, posteriormente se pudo activar y ver en la pantalla los resultados con luz de fondo. Todas las lecturas se pudieron memorizar y asociar a una zona de toma de muestras precisas con el sistema i-Button. Y por el otro lado en base a la Norma Mexicana NMX-AA-120-SCFI-2006 (2016).

El método que se utilizó para la determinación de *enterococos* fue por sustrato cromogénico, la cual se fundamenta en el uso de sustratos cromogénicos hidrolizables para la detección de enzimas del grupo *enterococo* como *E. faecium* y *E. fecales.* Cuando se utiliza esta técnica, el grupo se define como todas las bacterias que poseen la enzima β-glucosidasa y capaces de romper el sustrato criogénico, dando como resultado una liberación del cromógeno. La prueba se usó en tubos múltiples como en formato presencia-ausencia (muestras individuales de 100 ml). La obtención de resultados válidos requirió la aplicación estricta de los procedimientos de control de calidad.

Tabla 1. Criterio de la calidad bacteriológica de enterococos en el agua de mar para clasificar las playas en base a la Norma NMX-AA-120-SCFI-2006 (2016)

Uso recreativo con contacto primario Enterococos (NMP/100mL)	Calidad del agua de mar
0 - 10	Limpio sin riesgo sanitario
11-200	Aceptable
201-500	No es recomendable el contacto primario
Mayor de 500	Riesgo sanitario

Fuente: COFEPRIS, 2012.

Metodología para conocer la opinión y percepción de los turistas con respecto a la observación visual macroscópica de la playa Tlacopanocha (Hernández et al, 2003 y Grinnell, 1997).

Entrevistas

1. Se realizaron 30 entrevistas a los turistas que llegaban a la playa observando los contaminantes, en toda la franja y el agua de mar; y a los que se encontraban nadando.
2. Se aplicaron 100 cuestionarios para conocer cuál es la percepción del turista al observar y saber de los contaminantes existentes en la playa y si ellos, a pesar de cómo está la utilizarían para uso recreativo o no. Esto se realizó en épocas de secas y de lluvias considerando la llegada de turistas nacionales y extranjeros.

Encuestas

Se realizó un muestreo no probabilístico por conveniencia, dado que la muestra se encontró disponible en el tiempo y el espacio durante la indagación, fundamentado en la conveniente accesibilidad y proximidad de los sujetos para el investigador (Otzen y Manterola, 2017); se hizo un levantamiento de 100 encuestas a personas mayores de edad con características propias de turista que iban llegando a la playa y a los que utilizaron el agua de la playa para uso recreativo.

Estas encuestas abordaron temas como:

A. Ubicación de la playa a lo largo de la Bahía de Acapulco.

B. Grado de escolaridad de los turistas encuestados.
C. Descargas de aguas residuales, Aguas Negras de Hoteles, Restaurantes, Casa- habitación que se encuentran cerca de la playa.

D. Descarga directa de aguas residuales del cauce, canales, a la playa
E. Propuestas susceptibles de ser aplicadas.

Se realizó el análisis estadístico de los resultados, utilizando el paquete estadístico SPSS Versión 2017.

Resultado y discusión

Resultados el estudio exploratorio observacional de la playa Tlacopanocha durante el año 2019.

Tabla 2. Resultados de la inspección visual en época de secas (enero a junio) y en época de lluvias (julio a diciembre) del 2019.

Playa Tlacopanocha	Basura	Detergente	Grasas y Aceites	Maleza	Heces fecales	Aguas negras	Pescados muertos
Época de secas	+ + +	+ + +	+ + + + +	+ + +	+ + + +	+ + + +	+ + + +
Época de lluvias	+ + + + +	+ + + + +	+ + + + +	+ + +++	+ + + + +	+ + + + +	+ + + + +

Nota: Escala arbitraria como parámetro para medir la contaminación en:

+++++ Muy abundante, ++++ Abundante, +++ Regular, ++ Escasa, + Muy escasa, - No hay (Denzin, 2001)

Fuente: Elaborado por Juan J. Dimas Mojarro (24 de diciembre del 2019).

En la Tabla 2 se observa que en época de secas hubo menor contaminación con basura, detergentes y maleza, comparado con las grasas y aceites, heces fecales, aguas negras y pescados muertos. En época de Lluvias por lo regular aumentó la presencia de los contaminantes en la playa (agua de mar), debido probablemente al arrastre de aguas residuales a través de los cauces o canales que van a dar directamente a la playa. Dentro de esta última fuente de contaminación, podemos incluir los detergentes utilizados en limpieza doméstica y arrastrada por las aguas residuales (Álvarez-Jesús, 2006). Esto es comparable a otras investigaciones en otras playas como playa José Martí en Veracruz, playa Tijuana en Tijuana Baja California y en Latinoamérica; la playa Carpayo en el Callao, Perú, con muy abundantes residuos sólidos, materia fecal y aguas negras por la presencia predominante de contaminación orgánica de naturaleza degradable (Cordero et al. 2010).

Temperatura, pH, DBO5, DQO, DO, Sólidos Suspendidos Totales (SST), Conductividad eléctrica, Salinidad, Grasas y Aceites.

Conforme a los resultados fisicoquímicos, el valor promedio del pH fue alcalino entre 8.0 y 8.9 máximo, predominando el pH más alto en época de secas, cuando el clima caluroso ambiental está presente con vientos secos moderado. De acuerdo con los resultados del pH y con la normatividad aplicable el agua de la playa es un resultado estable; no obstante, existen otros parámetros que podrían tener efectos adversos como la baja concentración del DBO5 y la alta concentración de DQO, al igual que la alta concentración de Sólidos Suspendidos Totales (SST).

Para el caso de la temperatura, en general sus valores fueron de 18 a 20 °C, más bajos que los del ambiente; esto fue en épocas de lluvias, es claro que durante los meses de lluvia la temperatura disminuye, probablemente debido a la al clima templado a frio, con constante dilución del agua y al aporte de este recurso que proviene de la parte alta del anfiteatro de Acapulco. Este parámetro se encuentra dentro de los valores de referencia de la normatividad que lo incluye (ver tabla 3).

Tabla 3. Parámetros fisicoquímicos en base a la Norma NOM-001-SEMARNAT-1996

Parámetros Fisicoquímicos	Valores de referencia
Temperatura	Hasta 40°C
pH	Hasta 10 Unidades
Turbidez (Unidades Nefelométricas)	Hasta 40 UTN
Grasas y Aceites	Hasta 15 mg/L
Sólidos Suspendidos Totales (SST)	Hasta 75 mg/L
Demanda Bioquímica de Oxígeno de 5 días (DBO5)	Hasta 75 mg/L

Parámetros Fisicoquímicos	**Valores de referencia**
Demanda Química de Oxígeno (DQO)	Hasta 20 mg/L
Oxígeno Disuelto (OD)	7-8 mg/ L
N-Nitratos (NO3 -)	Hasta 25 mg/L
Conductividad eléctrica	Hasta 140 uS/cm
Salinidad	3.5%-5.0%

Nota: Se observa cada uno de los parámetros fisicoquímicos y sus unidades correspondientes para aguas residuales mezclados con agua de mar.

Fuente: SEMARNAT, 1997.

En la evaluación de la calidad del agua de mar se utilizaron tres indicadores fisicoquímicos: la Demanda Bioquímica de Oxígeno a cinco días (DBO5), la Demanda Química de Oxígeno (DQO) y los Sólidos Suspendidos Totales (SST) conforme a la Norma, NOM-001-SEMARNAT-1996 (SEMARNAT-1997). La DBO5 con valores bajos de 40 a 50 mg/L en épocas de estiaje y en la época de lluvias un intervalo de 45 a 48 mg/L , ya que el límite permisible es hasta 75 mg/L y la DQO con valores bajos, de 15-18 mg/L y 17 a 19 mg/L conforme a la Norma NOM-001-SEMARNAT-1996 (1997) épocas de secas y de lluvias (ver tabla 3), cuanto menor es la Demanda Química de Oxígeno es más contaminante la muestra de agua de mar, esto refleja que hay mayor cantidad de carga orgánica presente en los cuerpos de agua y que sus valores se deben a la mezcla continua entre aguas residuales que provienen de los cauces y canales pluviales y el cuerpo de agua de mar, ya que la playa Tlacopanocha forma parte de la Bahía de Acapulco, donde es una zona lacustre que no hay corrientes submarinas fuertes que desplacen la contaminación hacia afuera a mar abierto del océano Pacifico, la materia orgánica, sustratos de aguas de alcantarillado, aguas residuales y basura se queda estancada al fondo de manera subterránea. Es posible que haya aporte natural a los valores de este parámetro, ya que Pérez-Castillo y Rodríguez (2008), mencionan que la estabilidad de los ácidos fúlvicos y húmicos de sedimentos de sistemas naturales, incrementan el valor de la DQO, pues sólo se oxidan en presencia de un oxidante fuerte (como es el dicromato utilizado en su análisis).

Los Sólidos Suspendidos Totales (SST) sus valores son altos de 81 a 88 mg/L en épocas de secas y de 84 a 90 mg/L en épocas de lluvias con un promedio de 86.8 mg/L, teniendo en consideración que son sólidos constituidos por sólidos sedimentables, sólidos y materia orgánica en suspensión y/o coloidal, que son retenidas en el elemento filtrante (ver figura 2).

La cantidad de Oxígeno Disuelto (O.D), se encuentra por abajo de lo normal por la gran cantidad de aguas residuales que existe en la mezcla con agua de mar, en época de estiaje oscila entre un intervalo de 5.5-6.0 mg/100ml., y de 6.5-7.0 mg/100ml., en época de lluvias, estos valores se encuentran por abajo de los valores de los rangos, y con una conductividad media entre 58.500 uS/cm época de secas y 54.500 uS/cm en épocas de lluvias. Por lo tanto, la DQO indica presencia de sustancias provenientes de descargas no municipales y los Sólidos

Suspendidos Totales tienen su origen en aguas residuales y la erosión de suelos.

Figura 2. Playa Tlacopanocha

Nota: Muestra las mezclas de aguas residuales y el agua de mar, en las orillas de la franja de playa.

Fuente: elaborado por Juan J. Dimas Mojarro, 2 de agosto del 2019).

Los aceites y grasas tienden a separarse del agua de mar y a flotar en la superficie para formar densas capas de natas muy espesas, estas concentraciones altas como 20 a 25 mg/L en época de secas y de 31 a 35 mg/L en época de lluvias, rebasan los límites contaminantes permisibles ya que además de las descarga de aguas residuales, hay personas que se dedican a la pesca y tienen sus lanchas con motores de borda y se les hace común tirar grasas y aceites al agua de mar especialmente en la playa Tlacopanocha, donde a dos metros de distancia, se encuentra un grupo de lanchas y yates de recreación (ver figura 2). Los aceites debido a su escasa solubilidad en el agua y a su bajo peso específico, los problemas que ocasionan estas capas en agua superficial son demasiado graves especialmente cuando llegan de forma directa al agua de mar porque pueden provocar la intoxicación de los peces, moluscos y otras especies acuáticas.

Salinidad, Nitrógeno de Nitratos, Calidad Bacteriológica y Riesgo Sanitario

La salinidad es baja, sus concentraciones tienen un rango de variación de 2.5-3.0% con una media de 2.7% en época de estiaje y en épocas de lluvias 3.2 a 3.4% con una media 3.28% y el límite permisible para aguas costeras es hasta de 3.5% a 5%, más las descargas de aguas residuales de forma permanente, todo esto propician que los microorganismos bacterianos puedan vivir mayor tiempo y reproducirse en el cuerpo de agua.

Se detectó la presencia de enterococos en grandes concentraciones mayores de 500 NMP/100 mL que van desde 2 300 a 2 500 NMP/100mL, en época de estiaje y en época de lluvias un intervalo mucho mayor de 4 500 a 5 000 NMP/100mL. Esto también nos reafirma que es un indicador muy importante de la contaminación y la baja salinidad probablemente a las aguas residuales en el arrastre de material orgánico que favorece al crecimiento de microorganismos, con un aumento de Nitrógeno de nitratos en el agua de mar de 80 a 85 mg/100 mL (ver tabla 1 y 3).

La calidad bacteriológica se mantuvo con riesgo sanitario en las dos épocas del año, no apta para uso recreativo. Para conocer si existen diferencias entre las dos épocas de muestreo, se realizó una prueba de t de Student ($\alpha = 0.05$), que comparó los resultados. Lo cual se encontró una diferencia estadística entre las dos épocas de muestreo ($P = 0.90$ y $P= 0.94$ para la zona, respectivamente). En la mayoría de los casos, los resultados de la desviación estándar y del coeficiente de variación; indican una variabilidad a través de los diferentes meses de muestreo, así como para los parámetros del estudio bacteriológico para enterococos.

Opinión y percepción de los turistas sobre los contaminantes existentes en la playa Tlacopanocha en épocas de secas y de lluvias durante (enero-diciembre de 2019)

Entrevistas realizadas a los turistas

Se realizaron entrevistas a los turistas sobre los contaminantes existentes observados a simple vista en la playa Tlacopanocha en época de secas y de lluvias, lo cual ellos contestaron lo siguiente:

- Que cómo era posible, de que una playa en Acapulco estuviera con residuos sólidos, grasas y aceites y aguas negras.
- Opinan que el gobierno debe hacer algo, junto con los restauranteros y hoteleros para la limpieza de la playa.
- Agregan que los visitantes vienen a Acapulco, para descansar y disfrutar de las playas, pero no en esas condiciones.
- Otros decían que iban esperar otro día que disminuyera la contaminación visual para utilizarla para uso recreativo.

Durante el periodo vacacional de fin de año (diciembre de 2019-enero 2020), en la playa Tlacopanocha, los turistas opinaron lo siguiente a partir del cuestionamiento: Tienen miedo de enfermarse por utilizar el agua de mar contaminada. A lo cual hubo varios argumentos:

- Existen otros lugares iguales o peores y que hasta el momento no se habían enfermado.
- Otros turistas después de utilizarla decían que solamente sentían picazón y ardor en los ojos, prueba de ello, se observaba aguas negras en la playa (ver tabla 2), y con 2 300 a 2 500 NMP/100mL de enterococos en agua de mar en época de secas, como resultado de laboratorio.

Algunos solamente disfrutaban de observar el paisaje de la playa, sus restaurantes, hoteles, escuchar el rompimiento de las olas y admirar el paisaje de la Bahía; y expresaban lo siguiente:

- Acapulco es reconocido internacionalmente, por ello debe de cuidar sus playas, pero lamentablemente esta playa hay mucha basura, y parte de ello hay mucho aceite flotando, con heces fecales, lo cual no estamos de acuerdo que la playa la descuiden y hasta el momento no se haga nada para descontaminar y limpiarla.
- Algunos turistas expresaron que, al haber mucho aceite en el agua de mar, puede afectar a la flora marina, a los peces, ostras y producirle hasta la muerte.
- También opinaron que las lanchas que se encuentran varadas en la orilla de playa las quiten, porque daña la imagen de la vista de playa, ya que se encuentran a un lado, vísceras de pescados muertos, basura, heces fecales al aire libre, desagües mal olientes que desembocan al mar y que se observa a simple vista (ver figura 2 y tabla 2).

Encuestas realizadas a los turistas.

Se aplicaron las 100 encuestas a los turistas obteniendo los siguientes resultados. Una de las preguntas que se realizó a los turistas es:

- ¿Muchos de los locatarios, restauranteros, hoteleros que se encuentran cerca de la playa, tiran allí la basura? el 40% dice estar de acuerdo, el 60% dice que está en desacuerdo, pero sugieren que lo revise el H. Ayuntamiento Municipal, SEMARNAT y PROFEPA.

- ¿Los locatarios, restauranteros, hoteleros, casa – habitación descargan sus aguas residuales en la playa?, el 95% dice que estar de acuerdo, ya que a simple vista observaron unos tubos de PVC que drenaban aguas negras y residuales directamente a la playa, el 5% dijo estar en desacuerdo, ya que probablemente haya alguna tubería rota y esté descargando las aguas negras, pero que con simplemente cerrarla se solucionaba el problema (ver tabla 2).
- ¿Sabía Usted antes de venir a la playa Tlacopanocha que ésta estuviera contaminada?, el 97% contestó que no sabía y el 3% dijo que, si sabían por la información previa de familiares, vecinos de los familiares radicados en Acapulco.
- ¿Utilizaría usted el agua de mar contaminada, de manera recreativa?, el 62% dice que no la utilizaría, el 30% sí la utilizaría y el 8% no sabe.
- ¿Qué tan a menudo utiliza el agua de mar de la playa Tlacopanocha?, el 20% contestó que nunca, el 70% a veces y el 10% siempre.
- ¿Cree Usted que exista mayor contaminación en época de secas o de lluvias?, el 97% dijo que en época de lluvias y el 2% en época de secas, y el 1% no sabe. Lo cual se confirmó con los resultados de laboratorio el cual fue de 4500 a 5000 NMP/100ml enterococos. Con un aumento de nitratos en el agua de mar de 80 a 85 mg/100 mL, (ver tabla 1 y 3).
- ¿Cree usted que haya un culpable por la contaminación existente?, el 60% contestó que el Gobierno, el 35%,

los restaurantes, hoteles y la población y el 5% No sabe.

- ¿Qué tipo de soluciones cree usted más factible de aplicar?, el 50% contestó que se incremente el servicio de recogida de basura en la playa, el 40% que el gobierno solucione el problema y el 10% que los mismos locatarios, restaurantes y hoteles pongan una solución, ya que viven del turismo.
- ¿Volvería a visitar la playa Tlacopanocha de Acapulco?, el 50% contestó que nunca, el 48% que posiblemente si las condiciones de limpieza cambien, y el 2% dijo que sí, que al cabo hay otras playas más peores.

Conforme a la disposición de participar en la implementación de estrategias de limpieza se le preguntó:

- ¿Estaría dispuesto a cooperar con acciones para disminuir la contaminación de la playa?, el 30% contestó que sí, siempre y cuando las personas de la localidad (Gobierno, Hoteleros, Restauranteros, Locatarios), sean los principales en participar, el 70% dijo que no, ya que ellos vienen a disfrutar de sus vacaciones y no a trabajar.

Cuando se le realizó la encuesta sobre la percepción que tienen a cerca del manejo de los desechos de algunos locatarios, restauranteros establecidos a lo largo de la playa, se le preguntó:

- ¿Cree Usted si los comercios, restaurantes, que están cerca de la playa vierten ahí sus desechos?, el 55% contestó de acuerdo, ya que a simple vista se ven tubos rotos de drenaje que vierten sus desechos directamente al mar; y el 45% dijo en desacuerdo, ya que para eso está el H. Ayuntamiento supervisando que los restaurantes, comercios tengan su drenaje en condiciones normales y la SEMARNAT, PROFEPA hagan cumplir conforme al reglamento.

Cuando se realizaron las entrevistas y las encuestas fue en el momento que ellos iban llegando a la playa y veían a simple vista toda clase de residuos sólidos, detergentes, aguas negras, heces fecales, grasas y aceites, algunos se quedaban mirando por tiempo indeterminado, otros se retiraban de forma inmediata y otros no les importaba que hubiera contaminantes y la utilizaban para uso recreativo.

Conclusiones

Conforme a la observación visual macroscópica se encontró que en épocas de Lluvias aumentaba más la presencia de los contaminantes en la playa, debido probablemente al arrastre de aguas residuales a través de los canales que van a dar directamente a la playa. Mediante los resultados fisicoquímicos realizados en agua de mar de la playa Tlacopanocha se encontraron en forma constante, cantidades altas de: Sólidos Suspendidos Totales (SST), Grasas y Aceites, sobrepasando los límites máximos permisibles, y bajas concentraciones de la Demanda Bioquímica de Oxígeno, Demanda Química de Oxígeno y Oxígeno Disuelto ocasionado por las grandes cantidades de materia orgánica y aguas residuales, en base la NOM-001-SEMARNAT-1996 (SEMARNAT 1997); para aguas costeras, en tiempo de estiaje como de lluvias. La calidad bacteriológica del agua de mar sobrepasó los límites mayores de 500 NMP/100 mL de enterococos, en base a la Norma Mexicana NMX-AA-120-SCFI-2006 (2016), COFEPRIS, encontrándose concentraciones más altas en la época de lluvias a comparación con la época de secas, clasificándola como NO APTA para uso recreativo y con riesgo sanitario.

Por otro lado, los turistas percibieron que la playa Tlacopanocha se encuentra contaminada y esto se reafirmó con los resultados obtenidos del laboratorio. Los turistas opinaron, que deben de participar las dependencias Federales, Estatales y Municipales la limpieza de la playa apoyados por las instituciones académicas, Organizaciones, Población, paraqué llegue más turismo al puerto de Acapulco y observe una nueva imagen competitiva. Por lo tanto, se debe de emprender acciones inmediatas de la aplicación de la normatividad en los hoteles, restaurantes, locatarios. La aplicación de nuevos programas de saneamiento, monitoreo de aguas supervisadas de manera permanente y la utilización de sistemas de información a la Ciudadanía, para prevenir riesgos de salud a la sociedad por la mala calidad del agua de mar.

Referencias bibliográficas

Álvarez-Jesús A., Rubiños-Panta E., Gavi-Reyes F., Alarcón Cabañero J.J., Hernández-Acosta E., Ramírez-Ayala C., Mejía-Saenz E., Pedrero-Salcedo E., Nicolas-Nicolas E. y Salazar-Sosa E. (2006). Índice de calidad del agua en la cuenca del río Amajac, Hidalgo, México: Diagnóstico y Predicción. Rev. Inter. Bot. Exp. ΦYTON. 75: 71-83.

APHA. (2000). Standard methods for the examination of water and wastewater. 20a ed. American Public Health Association. Washington, EUA. 1325 pp.

Botero, C., Williams, A. & Cabrera, J. (2015). Advances in beach management in Latin America: Overview from certification schemes. En C.W. Finkl y C. Makowski (Ed.), Environmental Management and Governance: Advances in Coastal and Marine Resources (33-639. Switserland: Coastal Research Library.

COFEPRIS. (2012). Comisión Federal para la Protección contra Riesgos Sanitarios. Programa de Playas limpias. Secretaria de Medio Ambiente. Abril 2003. Información sobre el Índice de calidad del Agua de mar. www.semarnat.gob.mx › Temas › Estadísticas Ambientales.

CONAGUA. (2007). Información playas limpias. Conagua. Comités de playas limpias en 17 estados costeros. Organización Mundial de la Salud (OMS) para aguas de mar. Mayo 2007, pág.65. ftp://ftp.conagua.gob.mx/PlayasLimpias/.../ Material Apoyo PRENSA.pdf.

Cordero Y., Párraga C., España R., Cohir A. y Quintero J.G. (2010). *Caracterización preliminar de los vertidos de aguas residuales en la Unellez, Guanare, portuguesa.* Rev. Unell. Cienc. Tec. (Volumen especial). 8-13.

Denzin (2001). Métodos básicos en la Investigación Cualitativa, la Observación. UAEH. Recuperado de https://www.uaeh.edu.mx/scige/boletin/tlahuelilpan/n10/r1.html.

Dimas M. J.J., Dimas G. D. L., y Olivia O. R. G.O. (2019). Estudio Fisicoquímico y Bacteriológico del agua de la playa Tlacopanocha de la Bahía de Acapulco, Gro., y la percepción de los turistas sobre la contaminación que existente en la franja de playa. Proyecto Universidad Autónoma de Guerrero. Acapulco, Gro. México. Pág. 3-75.

EPA (2002). Enviromental Protection Agency. National Beach Guidance and Performance Criteria for Recreational Waters (EPA-823.B-02-004).

EPA (2003). Enviromental Protección Agency. Reducción de la Basura Marina. Recuperado de http://www.epa.gov/owow/oceans/debris/index_spanish.html.

Fernández, Y. (2008). ¿Por qué estudiar las percepciones ambientales? Una revisión de la literatura mexicana con énfasis en áreas naturales protegidas. Espiral, 15(43), 179- 202.

Forbes (2015). Forbes México. Las 20 playas más limpias en México. Protura México. Distintivo Bandera Azul. 22 de mayo 2015. Recuperado de https://www.forbes.com.mx › Economía y Finanzas.

Google Earth (2019). Mapa satelital de la playa tlacopanocha. Acapulco, Gro. Imágenes satelitales, relieve en 3D. Modificado por Juan José Dimas Mojarro,14 de febrero 2019. Recuperado de https: //earth.google.es/+&cd=1&hl=es-419&ct=clnk&gl=mx.

Greenpeace México (2009). Playas más contaminadas de México. Riesgo mayor para vacacionista. Niveles altos de Enterococos. 15 de junio 2009. Recuperado de https://agua.org.mx/greenpeace-denuncia-las-playas-mas-contaminadas-de-mexico/

Grinnell, R. (1997). Social work research & evaluation: Quantitative and qualitative approaches. E.E. Peacock Publisher, 5.ed. Illinois.

Hernández, S. R.; Fernández C.; Pilar, B. L. (2003). *Metodología de la investigación México*: Mc Graw Hill 2003. Pág.138-204.

INE. (2000). Instituto Nacional de Ecología. Estrategia ambiental para la gestión integrada de la zona costera de México, Propuesta. Logros y Retos para el Desarrollo Sustentable 1995-2000. México D.F. 39p.

Martínez V. J., N. y Trujillo E. (2007). Modificación química del agua potable en un sistema de distribución de fierro fundido gris. Memorias VI Congreso Internacional y XII Congreso Nacional de Ciencias Ambientales. Chihuahua, Ch. 6 al 8 de junio de 2007. CD-ROM.

Noguera, L., Botero, C. & Zielinski, S. (2012). Selección por recurrencia de los parámetros de calidad ambiental y turística de los esquemas de certificación de playas en América Latina. Revista IntropicaK, 7, 59-68.

OMS. (2007). Programa Integral de Playas limpias Monitoreo del agua de mar, criterios descritos por la OMS. Recuperado de WWW.SEMARNAT.GOB.MX/.CAS AMBIENTALES/SISTEMAS-NAC.

Otzen, T. y Manterola, C. (2017). Técnicas de muestreo sobre una población a estudio. *International Journal of Morphology*. V. 35 (1): 227-232.

Pérez-Castillo A. M y Rodríguez A. (2008). Índice fisicoquímico de la calidad de agua para el manejo de lagunas tropicales de inundación. Rev. Biol. Trop. 56(4), 1905-1918.

Pronatura. (2016). Pronatura México A.C. Las 20 playas más limpias en México. Distintivo Bandera Azul. 20 playas y 1 marina mexicana. Julio 2016. Recuperado de www.responsabilidadsocial.mx/pronatura-mexico-las-20-playas-mas

Salas H. y Bartram J. (2003). Organización Mundial de la Salud. Borrador de las Guías para Ambientes Seguros en Aguas Recreativas. Volumen 1: Aguas Costeras y Dulces. Resumen (Parte 1). Boletín 20 Artículo de fondo. http//148.233.168/playas/nuevo/articulo10020_español.html.

SCFI. (2001). NMX-AA-028-SCFI-2001. Norma Mexicana. Análisis de Agua. -Determinación de Demanda Bioquímica de Oxígeno en Aguas Naturales, Residuales (DBO5) y Residuales Tratadas. - Método de Prueba. Secretaría de Comercio y Fomento Industrial. Diario Oficial de la Federación, 17 de abril del 2001.

SCFI. (2001). Norma Oficial Mexicana, NMX-AA-079-SCFI-2001. Análisis de Agua. Determinación de Nitratos. Aguas Residuales, Municipales e Industriales-Muestreo. Secretaría de Comercio y Fomento Industrial. Diario Oficial de la Federación, México, D.F. 5 enero 2001.

SCFI. (2001). NMX-AA-034-SCFI-2001. Norma Mexicana. Análisis de Agua Determinación de Sólidos Suspendidos Totales en Aguas Residuales, Aguas Naturales y Residuales Tratadas. Método de Prueba. Secretaría de Comercio y Fomento Industrial. Diario Oficial de la Federación. 30 de septiembre 2001.

SCFI. (2016). NMX-AA-120-SCFI-2006 (2016), que establece los requisitos y especificaciones de sustentabilidad de Playa. Secretaría de Comercio y Fomento Industrial. Diario Oficial de la Federación. Jueves 6 de julio 2006.

SCFI. (2011). NMX-AA-008-SCFI-2011. Norma Mexicana Análisis de agua. Determinación del. pH. Método de prueba. Secretaría de Comercio y Fomento Industrial. Diario Oficial de la Federación, 22 de enero del 2013.

SCFI. (2012). NMX-AA-030/1-SCFI-2012. Norma Mexicana. Análisis de Agua - Determinación de la Demanda Química de Oxígeno en Aguas Naturales, Residuales y Residuales Tratadas. Método De Prueba. Secretaría de Comercio y Fomento Industrial. Diario oficial de la Federación, 21 de mayo 2013.

SCFI. (2013). NMX-AA-007-SCFI-2013. Norma Mexicana. Análisis de Agua. Determinación de la Temperatura en Aguas Naturales, Residuales y Residuales Tratadas. Método de Prueba. Secretaría de Comercio y Fomento Industrial. Diario oficial de la Federación, 23 de enero del 2014.

SCFI. (2013). NMX-AA-005-SCFI-2013. Análisis de Agua - Determinación de Grasas y Aceites Recuperables en Aguas Naturales, Residuales y Residuales Tratadas. Método de Prueba. Secretaría de Comercio y Fomento Industrial. Diario oficial de la Federación, 11 de abril 2014.

SEMARNAT. (1997). NOM-001-SEMARNAT-1996 Límites Máximos Permisibles de Contaminantes en las Descargas de Aguas Residuales en Aguas y Bienes Nacionales. 27.

Silva C., R, M. Villatorio L., F.J. Ramos., D. Pedroza P., Ortiz P. Ma, E.G. (2014). Caracterización de la zona costera y planeamiento de elementos técnicos para la elaboración de criterios de regulación y manejo sustentable. Instituto de Ingeniería, Instituto de Geografía y Laboratorio Nacional de Ciencias de la Sostenibilidad-Instituto NMX-AA-120-SCFI-2016 SECRETARÍA DE ECONOMÍA 76/86 de Ecología, UNAM/Dirección General de Política Ambiental e Integración Regional y Sectorial, SEMARNAT. pp. 125.

Travel report. (2018). Conoce las playas más sucias del mundo. 17 agosto. 2018. Conoce las playas más sucias del mundo y no dejes que la basura invada tus vacaciones. Playa Kamilo, Hawái. Conoce las playas más sucias. Recuperado de https://www.travelreport.mx/internacional/las-playas-mas-sucias-del-mundo/

Wikipedia. (2021). Playa Tlacopanocha. Recuperado de https://es.wikipedia.org/wiki/Playa_Tlacopanocha

CAPÍTULO CINCO

LAS AGUAS RESIDUALES EN LA MEGALÓPOLIS DE LA ZONA METROPOLITANA DEL VALLE DE MÉXICO

Mónica Guadalupe González Yñigo
José Isabel Juan Pérez

Introducción

Las ciudades se han posicionado como el paradigma de especialización de las funciones humanas, el motor de crecimiento económico y el área de oportunidad para la generación de diversas condiciones sociales, económicas y ambientales. Bajo este panorama se han generado nuevas concepciones de la ciudad, por ejemplo, el fenómeno megalopolitano considerado como el paradigma poblacional del siglo XXI que denota alta complejidad debido a las interacciones y relaciones que en el convergen.

La complejidad de las ciudades puede considerarse como un factor ambivalente, la multiplicidad de factores y la serie de correlaciones que conllevan representan una oportunidad de desarrollo y mejora para sus habitantes, sin embargo, este fenómeno sin estar apoyado en un marco institucional y legislativo puede provocar problemas que afecten múltiples dimensiones, entre ellas el agua, específicamente las aguas residuales y su vinculación con nuevos fenómenos urbanos.

El objetivo de este capítulo es brindar un panorama sobre la situación del manejo de aguas residuales en la megalópolis de la Zona Metropolitana del Valle de México (MZMVM), el cual fue integrado mediante el análisis de documentos bibliográficos y hemerográficos, así como el análisis estadístico de reportes de tratamiento. El capítulo está dividido en tres partes, en la primera se desarrolla el contexto general de la MZMVM, la segunda contiene las diferentes iniciativas para el manejo del agua residual en el país y finalmente se brinda un panorama sobre la situación en la megalópolis. Fue necesario analizar los diferentes panoramas que afrontan los estados que conforman esta región, aclarando que debido a su extensión se delimitó el análisis a las zonas metropolitanas más representativas de las entidades, observando que si bien existen similitudes entre ellas, como la preocupación por la sobreexplotación de los mantos acuíferos, la intención de realizar un manejo integral de las aguas residuales y la generación de reportes sobre la situación actual, se prevé la generación de políticas e instituciones integrales dejándolo como un objetivo a largo plazo desde hace varias décadas y parece que es imposible hablar de un manejo integral o una política megalopolitana aplicable. Se concluye que en esta megalópolis mexicana no existe una política integral de manejo de aguas residuales.

La explosión demográfica predominantemente urbana a nivel mundial ha conllevado a la consolidación de nuevos paradigmas económicos, políticos, culturales y ambientales, dando lugar a la generación de una nueva concepción de ciudad, en la cual, se abandona la idea de una unidad establecida, separada y organizada hacia una "ciudad desbordada" que describe el conjunto de tendencias hacia las grandes ciudades (Gottmann, 1961 citado por Meireles & Sanches, 2018).

Conceptualizar a la megalópolis, debido a la multiplicidad de factores que en ella convergen, no es una tarea sencilla, Eibenschutz (2016) e Iracheta (2016) señalan que la megalópolis es una gran ciudad o la metrópoli de metrópolis, entendiéndose como el conjunto de zonas metropolitanas y aglomeraciones urbanas menores de una región que tienen fuertes vínculos y flujos entre ellas. Es un territorio discontinuo urbano-rural formado por el conjunto de fragmentos inconexos, generándose conflictos y disputas por el suelo, el agua y el aire, respondiendo a formas de imposición de poder económico y de acumulación (López, 2016), además, representa retos en diversos ámbitos (De Alba & Hernández, 2016). La megalópolis es la sinergia de procesos, es dinámica y asincrónica (De Alba, 2017b).

El territorio mexicano tiene una zona megalopolitana ubicada en la porción central (Comisión Ambiental de la Megalópolis, 2018), siendo la aglomeración urbana más importante de México (De Alba, 2017b), está conformada por la Ciudad de México y los estados de México, Hidalgo, Puebla, Morelos, Querétaro y Tlaxcala (mapa 1). La Megalópolis de la Zona Metropolitana del Valle de México inició su conformación en la década de 1980, esto como resultado del traslape y la tendencia de conurbación con varias zonas metropolitanas, lo que conllevó a que dentro de esta región polinuclear, emergiera la zona megalopolitana central del país (Garza, 2010) (DOF, 1996). En 1996 en el Diario Oficial de la Federación se define por primera vez como "un área que comprende los municipios correspondientes a las zonas metropolitanas de las capitales de los estados limítrofes al Valle de México, más la totalidad de los municipios que mantienen una relación funcional estrecha con la Ciudad de México y los que se ubican entre las zonas metropolitanas que integran la corona regional de ciudades y el Distrito Federal, además de las Delegaciones del Departamento del Distrito Federal" (DOF, 1996).

Tabla 1: Entidades que conforman la Megalópolis de la ZMVM.

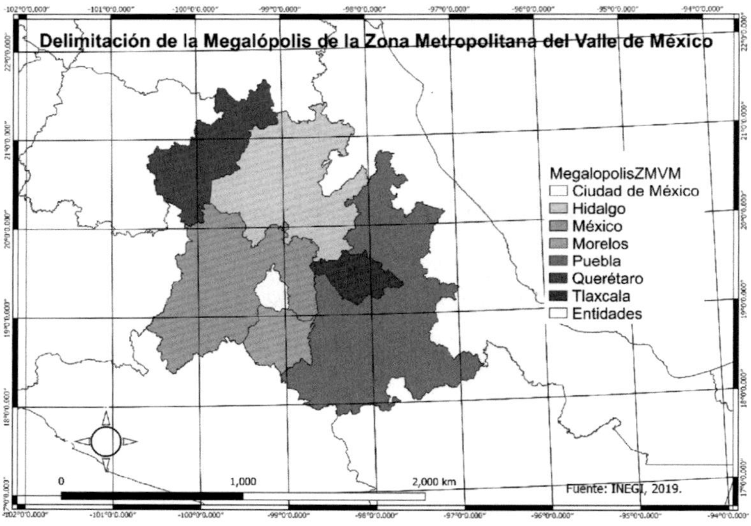

Fuente: Elaboración propia con base en (INEGI,2019)

La Megalópolis de la Zona Metropolitana del Valle de México se ha delimitado en el subsistema urbano del centro de México (De Las Heras, Adame, Cadena, & Campos, 2019), su delimitación ha sido compleja y cambiante, esto debido a la relación que la Ciudad de México mantiene con las ciudades vecinas, razón por la que, originalmente se delimitó la Corona Regional del Centro de México como una nueva escala territorial basada en la idea-fuerza del concepto de ciudad-región mediante la cual se expresaba la influencia de las metrópolis existentes (Delgado, Larraldea, & Anzaldo, 1999). La megalópolis mexicana se encuentra en una etapa de evolución, pues continuará expandiéndose dependiendo de la dinámica demográfica, económica y las acciones territoriales que realice el Estado y que experimente el país en el futuro (Garza, 2010).

Expansión territorial, población y problemática ambiental

La megalópolis mexicana, desde su formación, tuvo una característica única: su gran extensión territorial sin considerar el grado de integración económico alcanzado (Delgado *et al.*, 1999), siendo relevante recordar que el crecimiento poblacional en el país no ha sido de forma homogénea y en conjunto con el crecimiento económico durante el siglo XX, fue determinante la transformación de una nación esencialmente rural en 1900 a otra predominantemente urbana desde inicios del 2000. La relación no es lineal, no obstante desde finales del siglo XX se pudo visualizar la transformación de un sistema urbano monocéntrico (Ciudad de México) a otro policéntrico con un mayor nivel de concentración poblacional, lo cual generó metrópolis con más de un millón de habitantes y que posteriormente, se articularon con la metrópoli de la Ciudad de México, vinculándose al fenómeno megalopolitano, y se prevé que sigan expandiéndose en la medida que continúen incorporándose (Garza, 2002; 2010).

Desde la década de 1990, la megalópolis ha tenido gran crecimiento como resultado de factores económicos y la tendencia hacia el centralismo, razones por las cuales ha concentrado algunas de sus áreas más importantes (Comisión Ambiental de la Megalópolis, 2018). La megalópolis se encuentra sujeta a fuertes dinámicas demográficas y económicas, históricamente ha sido el eje estructurador de la actividad económica del territorio mexicano, teniendo un peso dominante en la dinámica a nivel nacional, componiendo un 33.3% de participación en el Producto Interno Bruto (PIB) federal, así como la concentración de un tercio de la población mexicana (De Las Heras *et al.*, 2019) (Tabla 1).

La Zona Metropolitana del Valle de México es un área compleja debido a la interconexión de los factores que la integran, en la misma existe yuxtaposición entre lo urbano y lo rural, predominando el segundo, pero el menor en población, producto de este fenómeno, los polos de atracción urbana representaron un aumento en el desarrollo económico ya que entre 1990 y 2010 hubo 36 municipios que registraron un crecimiento mayor al 100% (De Alba & Hernández, 2017). En cuestión de equipamiento la megalópolis cuenta con vasta infraestructura para atender las necesidades y demandas del crecimiento poblacional. En la cuestión ambiental, comprende un amplio territorio con características geomorfológicas y geológicas diferentes, las cuales se han segmentado y provocado diferentes problemáticas.

Tabla 1. Características de la Megalópolis de la Zona Metropolitana del Valle de México

DIMENSIÓN	Variable	Megalópolis	Observaciones
Localidades	Localidades urbanas	1 254	Principalmente en la Zona del Valle de México y en la Zona Metropolitana de Puebla-Tlaxcala.
	Localidades rurales	7 412	El estado de Puebla es el que contiene mayor cantidad.
Desarrollo económico	Vinculación con crecimiento urbano	36 municipios	Relación directa.
Infraestructura	Canales (Aguas negras)	186 canales	El de mayor extensión se encuentra en el Estado de México
	Conductos subterráneos	101 conductos	El conducto más largo pasa por Hidalgo y se conecta con Puebla y Querétaro
	Líneas de transmisión eléctrica	447 líneas	
	Vías férreas	629 vías férreas	605 en operación y la mayoría localizadas en el centro
	Presas	88 presas	Querétaro cuenta con 11, Hidalgo 10 y Estado de México 11
	Corrientes de agua	961 corrientes	5, 226,417 m son intermitentes y 7, 526, 510m son perenne
	ANP	17 ANP	3 son áreas de protección de flora y fauna 4 zonas de conservación ecológica 10 parques nacionales

DIMENSIÓN	Variable	Megalópolis	Observaciones
Medio Ambiente	Cuerpos de agua	55 cuerpos de agua	La mayoría se concentran en el Estado de México
	Precipitación pluvial	60 variaciones	
	Humedad	73 variaciones de humedad del suelo	Particularmente en Hidalgo y Querétaro
	Clima	13 tipos de climas	Tipo que predomina es el templado subhúmedo (32) y el semifrío subhúmedo (18%)
	Sistemas de topoformas	7 tipos de terreno	Sierra (36.09%) lomerío (19.17%), llanura (17.29%), valle (8.65%), meseta (8.27%), cuerpo de agua (7.89%) y cañón (2.63%)
	Vegetación	48 tipos de vegetación	De los 48 tipos 31 no alcanzan el 1% y el 15 va del 1 al 10%, el predominante es la agricultura de temporal 12.47%
	Temperatura	De 2°C a los 28°C	El rango predominante es de 16°C y 14°C
	Altura	400 m a 100 m sobre nivel del mar	Hay 6,262 curvas de nivel
	Litología	27 tipos de rocas	Ígnea extrusiva es la de mayor superficie con 16%
	Minería	371 minas	En su mayoría de oro, plata, zinc y plomo

Fuente: Elaboración propia con base en (De Alba, 2015)

En la megalópolis se ha concentrado mayor interconexión de factores producto del crecimiento acumulado desigual, siendo un área de vinculaciones no continúas. Algunos ejemplos de estos fenómenos son los tipos de vías de comunicación (carreteras) y la irregularidad como modo de crecimiento (hablantes de lenguas indígenas, microrregiones etc.). Es la aglomeración urbana más grande de México registrando un crecimiento del 45.3% de la población en los últimos 25 años y aumentando más de 100 personas por km^2. La densidad poblacional permite observar diferentes cambios que han ocurrido en la zona, desarrollándose procesos de poblamiento heterogéneos, algunos con baja densidad poblacional, pero que se vinculan con otros, siendo notorio un crecimiento de alta dispersión, ya que no sólo existe un centro sino múltiples periferias. En la megalópolis el crecimiento no es solamente lineal y concéntrico sino intensivo y encadenado (De Alba, 2015, 2017b).

Es una zona con interconexión de varias zonas metropolitanas, con creciente integración de municipios estructurados en policentros, siendo un espacio donde se concentran las actividades económicas y con procesos graduales de urbanización, provocando expansión territorial y desplazamiento del entorno ambiental natural, induciendo el crecimiento acelerado de la mancha urbana a costa de la degradación ambiental, causando contaminación del aire y del agua, erosión del suelo, desplazamiento de vida silvestre, pérdida de bosques y cambio de uso de suelo. Los problemas ambientales en la megalópolis es la calidad del aire, situación asociada con el número de vehículos, consumo de energía, generación de residuos, incendios forestales, redes de movilidad y transporte público, ineficiencia del ordenamiento territorial (63% del territorio es susceptible a inundación), protección de la biodiversidad y manejo sustentable del agua (Rubio & Venegas, 2015), siendo este último el objeto de análisis en este capítulo.

El agua en las Megalópolis

Desde el año 2011 la mayoría de la población mundial vive en centros urbanos, siendo un fenómeno que crece de forma exponencial, la megalópolis se multiplica con rapidez y es parte de los diferentes retos que afrontan los gobiernos y sus habitantes entre los que resalta la gestión del agua. Debido a sus características, las megalópolis son vulnerables a los riesgos relacionados con el manejo del agua, frente a este panorama se ha buscado reunir gran cantidad de recursos para poder afrontar este reto (Organización de las Naciones Unidas para la Ciencia y la Cultura [UNESCO], 2015b), así como la vulnerabilidad a los riesgos socio-hidrológicos y la posible disputa por el control del territorio (De Alba & Hernández, 2016).

En años recientes se ha desarrollado un fuerte consenso en los científicos climáticos, hidrólogos y otros, sobre las amenazas climáticas presentes y futuras (alteraciones al clima, cambio de temperatura, precipitaciones anormales, sequias etc.), siendo uno de los principales factores relevantes el crecimiento exponencial de las ciudades como un posible detonador y eje rector para el análisis y generación de acciones, es fundamental que el manejo del agua se realice en las ciudades a fin de generar un circuito cerrado a favor de un manejo sustentable (Feldman, 2017).

Las previsiones de crisis futuras del agua señalan que éstas se concentrarán en áreas urbanas, estimándose que para el año 2025, 1 800 millones de personas vivirán en países o regiones con escasez de agua, mientras que dos terceras partes de la población mundial, vivirán estrés hídrico, previéndose que el cambio climático modifique el abastecimiento de agua e intensifique las sequías e inundaciones, en este sentido el crecimiento de las ciudades obliga a las autoridades a buscar formas innovadoras en la gestión de los servicios hídricos (De Alba, 2017a).

El Programa Hidrológico Internacional UNESCO se inició en 1975 como parte del Decenio Hidrológico Internacional, los programas y actividades se diseñaron con base a una consulta en coordinación con la Secretaría del Programa Hidrológico enfocándose a hacer frente a los desafíos globales, regionales y locales en materia de abastecimiento del agua (UNESCO, 2015a), el cual ha servido de base para diferentes alianzas de mejoras, desarrollo y manejo. En el 2015 se creó la Alianza de Megalópolis para el agua y el clima propuesta por la UNESCO como un foro internacional de colaboración mediante el cual las megalópolis extraen las enseñanzas de sus experiencias y las vinculan con otros aspectos, esto a fin de buscar planificar y administrar las ciudades, hacerlas más resilientes y equiparlas para garantizar la seguridad de los recursos hídricos necesarios (UNESCO, 2019).

El agua en la Megalópolis de la Zona Metropolitana del Valle de México

La UNESCO (2015b), resalta el análisis realizado en la Zona Metropolitana del Valle de México, aborda la historia de la cuenca y el impacto que del crecimiento demográfico y la sobreexplotación de los acuíferos. La explosión demográfica en la cuenca impulsó una creciente presión sobre las reservas de agua subterránea afectando directamente la capacidad del sistema de drenaje la cual sigue siendo superada por las fuertes lluvias, provocando inundaciones de aguas residuales y pluviales con consecuencias graves en los sectores marginados y de menor capacidad económica de la zona metropolitana.

De Alba (2016) señala que las proyecciones para los próximos 25 años indican que la megalópolis tendrá siete millones de nuevos pobladores, siendo un reto enorme en cuestión de servicios e infraestructura urbana, rebasando incluso su territorio para devenir en el fenómeno megalopolitano. Una de las mayores preocupaciones en la megalópolis ha sido la limpieza de los cuerpos de agua, el mantenimiento de los sistemas de abastecimiento hídrico o el sistema de drenaje (De Alba, 2017b), así mismo la sobreexplotación de acuíferos, el déficit en el suministro de agua, la extracción de mayores volúmenes de agua a mayores profundidades y la falta de capacidad para el desalojo de las aguas negras han representado los mayores problemas (Procuraduría ambiental y del ordenamiento territorial del D.F, s/f).

Aguas residuales

Existe una gran variedad de definiciones de aguas residuales y estas pueden tener distinto significado ya que se ha abordado desde diferentes aspectos, lo que ha conllevado a que se aborde y se utilice desde la terminología propia del área que la analice. El concepto de aguas residuales en sí mismo es una contradicción ya que, cualquiera que sea el fin o su uso, no debería ser considerada como algo "residual", volviéndose necesario forjar la idea de que deben ser consideradas un recurso (Uhlenbrook & Connor, 2017).

Un Water (2017) en el Informe Mundial de las Naciones Unidas sobre el Desarrollo de los Recursos Hídricos, señala el desaprovechamiento de la aguas residuales y la estrecha vinculación entre el aumento de la demanda global de agua y el volumen generado, haciendo necesario su tratamiento y su aprovechamiento como elemento clave dentro de la gestión del ciclo del agua, ante este panorama es vital brindar mayor impulso como una fuente alternativa y confiable de agua pasando de un mero tratamiento y eliminación, hacia contemplar la reutilización, el reciclado y la recuperación de recursos.

Se denominan a las aguas negras o aguas residuales a aquellas que su calidad se ha visto afectada negativamente por la actividad humana y que proceden de viviendas, poblaciones y áreas industriales, arrastrando contaminantes y detritos (Oficina de información científica y tecnológica para el conreso de la unión [INCyTU], 2019). Las aguas residuales se clasifican en aguas residuales industriales (aquellas que resultan del desarrollo de un proceso productivo), aguas residuales domésticas (origen residencial y comercial que contienen desechos provenientes de actividades humanas) y aguas residuales municipales (pueden estar mezclados con aguas de drenaje pluvial o con aguas residuales de origen industrial previamente tratadas) (Organismo de evaluación y fiscalización ambiental [OEFA], 2014).

La composición de las aguas residuales municipales varía considerablemente debido a la amplia gama de contaminantes liberados por las diferentes fuentes. Cada uno de los gobiernos, apoyado de las instituciones, suelen establecer la forma en que se recolectan y se tratan, cabe aclarar que la mayoría de los países solo recolecta y trata una pequeña parte de las aguas residuales, sin embargo, un porcentaje elevado que proviene principalmente de sectores de bajos ingresos, se elimina en el drenaje de agua superficial sin algún tratamiento previo y puede llegar a contaminar cursos de agua subterráneos y superficiales (UN WATER, 2017). En este análisis son relevantes las aguas residuales municipales que provienen de fuentes domésticas, industriales, comerciales e institucionales, a fin de comprender la importancia de la urbanización y sus consecuencias en la generación de éstas en la MZMVM.

La urbanización y sus consecuencias en la generación de aguas residuales.

La relación entre el agua y las ciudades es crucial, estas necesitan un enorme suministro de agua dulce, a pesar de esto el cuidado y su gestión, específicamente en las megalópolis, no se ha dado de manera correcta o sostenible, generando diferentes problemas (tabla 1) entre los que resalta la contaminación de esta y su manejo. El hacer frente a las crecientes necesidades de servicio de agua y saneamiento es uno de los temas más importantes del siglo XXI.

Según datos de la Organización de las Naciones Unidas (2013) el agua y la pobreza es un reto que afrontan las ciudades, ya que 828 millones de personas viven en barrios pobres o asentamientos informales, siendo imperante el dotar a estas personas de suficiente agua y saneamiento, así como de un precio competitivo y acorde a su capacidad de pago y consumo, pugnando por la dotación universal y gratuita de la misma. Derivado de la rápida urbanización y el desafío de cubrir la demanda de agua, los gobiernos, apoyados de asociaciones privadas han intensificado los procesos de búsqueda y traslado del vital líquido, conduciendo a la sobreexplotación de los recursos hídricos y generación de conflictos territoriales, así como poner en calidad de riesgo y vulnerabilidad a un mayor número de personas.

Con relación a las fugas de agua, el 50% son frecuentes en los sistemas de abastecimiento, conducción, distribución y almacenamiento urbano, situación que representa una fuente importante de pérdida anual. Bajo este panorama evitar las pérdidas de agua permitiría abastecer de agua potable entre 10 y 20 millones de personas más en cada ciudad (ONU, 2013)

La inadecuada gestión del agua en las ciudades ha tenido mayores implicaciones a la salud humana, ya que la falta de un adecuado saneamiento y abastecimiento de agua potable, aunado a instalaciones precarias y con poco mantenimiento, conlleva a consecuencias epidémicas como el colera o enfermedades gastrointestinales. La contaminación juega un papel fundamental ya que el agua al estar en contacto con diferentes desperdicios, éstos son dispuestos en fuentes de agua potable, cada día dos millones de toneladas de residuos orgánicos e inorgánicos (líquidos y sólidos) se eliminan a través de los cursos de agua, siendo un problema en muchas ciudades (ONU, 2013), que en asociación con la falta de un adecuado tratamiento de las aguas residuales y de instalaciones de drenaje funcionales, provocan contaminación de todos los recursos hídricos subterráneos y superficiales.

Considerando la situación de la gestión del agua, es necesario actuar para contrarrestar las problemáticas, así como mejorar y brindar agua a todas las personas a través de un modelo hídrico competente, ya que actualmente en la mayoría de las ciudades de México se observa que la mayor cobertura es sobre el abastecimiento de agua potable, posteriormente el drenaje urbano y finalmente el saneamiento de las aguas residuales (Breña & Breña, 2009) el modelo hídrico que se aplica pa-ra manejar los procesos del recurso agua relaciona-dos con el abastecimiento de agua, el drenaje ur-bano y el saneamiento de las aguas residuales, en las grandes ciudades o zonas metropolitanas, resul-ta ser obsoleto ya que los servicios se han maneja-do en forma individual sin contemplar las interrela-ciones que existen entre ellos. En efecto, si se analizan los niveles de cobertura de los tres servicios asociados con el agua que reciben los habitantes de un núcleo urbano, se detecta una heterogeneidad muy acentuada. Por ejemplo, en la mayoría de las grandes ciudades de nuestro país, se observa que el abastecimiento de agua potable tiene el porcentaje de mayor cobertura, posteriormente el drenaje urbano y finalmente el saneamiento de las aguas residuales. Además, se puede decir que los servicios de agua po-table, drenaje urbano y saneamiento de las ciuda-des deberían tener un equilibrio en sus niveles de cobertura, situación que no ocurre ya que los or-ganismos encargados de su administración no con-templan la interrelación que existe entre los tres servicios. Lo anterior ha traído como consecuencia una pro-blemática muy compleja en el manejo y dotación de los servicios de agua, en especial, en las gran-des ciudades donde se concentran usuarios domésti-cos e industriales de gran magnitud y que deman-dan volúmenes considerables de agua para satisfa-cer sus necesidades hídricas. Ahora bien, para ilustrar la problemática que se ha derivado por el manejo obsoleto del agua en las grandes ciudades, se ha seleccionado para su análi-sis la Ciudad de México y su zona conurbada, de-nominada Zona Metropolitana del

Valle de Méxi-co (ZMVM. Garantizar la seguridad hídrica requiere una acción que incluya no sólo el sector hídrico, sino medidas para asegurar que las políticas sobre vivienda, energía, diseño paisajístico y de espacios que contengan cuerpos de agua, agricultura (urbana y rural) y manejo de desechos se encuentren alineados y contribuyan al uso óptimo de los recursos hídricos y la seguridad hídrica (Global Water Partnernship, 2013).

La mayoría de las legislaciones reconoce y protege los aspectos de la propiedad de uso de agua y sus dimensiones sociales y ambientales mediante normas con el objetivo de proteger el recurso (Solanes & Gonzales, 2016), por esta razón, es necesario analizar las políticas para el manejo del agua potable y las aguas residuales en la megalópolis.

Políticas para el manejo del agua en México

Las políticas son el diseño de una acción colectiva intencional que se convierten en el resultado de las decisiones y acciones de los actores políticos (Aguilar, 1992), el análisis y diseño de políticas públicas abre toda una serie de posibles estrategias y acciones corresponsables entre el gobierno y la sociedad, esto con la finalidad de volverse administraciones conjuntas que incorporen al sector privado, organizaciones no gubernamentales, organismos internacionales y las organizaciones sociales (Canto & Castro, 2002). Al ser las políticas un producto eminentemente del Estado y su modelo económico-político de vida, se encuentran en constante cambio con el propósito de construir un entramado de relaciones que permitan implantar un sistema de convivencia equilibrado y funcional (González, 2018).

El agua es un asunto estratégico y de seguridad nacional en el país (tabla 2), convirtiéndose en un elemento central de la política ambiental y como un factor clave de la política de desarrollo social y económico, siendo su calidad, un factor determinante para la salud y bienestar de la población, por esta razón, en México, el agua de los ríos, lagos y acuíferos es propiedad de la nación y corresponde al poder ejecutivo su administración (Comisión Nacional del Agua [CONAGUA], 2006), no obstante ésta ha sufrido diferentes cambios para su conformación actual.

Tabla 2. Panorama de las políticas de manejo del agua en México.

Antes de 1992	1888	Ley sobre Vías de Comunicación
	1910	Ley sobre Aprovechamiento de Aguas de Jurisdicción Federal
	1917	Artículo 27: las aguas nacionales son propiedad de la nación
	1930	Código agrario para reglamentación de irrigación
		Ley de aguas de propiedad nacional
	1940	Modificación artículo 27
		Clasificación de aguas subterráneas
Después de 1992	1992-	Adhesión TLCAN
		Descentralización (CONAGUA)
		Democratización
		Liberación

Fuente: Elaboración propia con base en (Rolland & Vega Cárdenas,2010; Vázquez Romero, 2011)

La forma en que se utilizó el agua hasta antes de 1888 estaba desprovista de legislación federal, esto permitió la conformación de gestiones locales consensadas y financiadas por los propios usuarios. Fue en ese año que mediante la Ley sobre Vías de Comunicación, comenzó las primeras normas jurisdiccionales del gobierno federal en asuntos de agua, siendo la base para la administración del recurso hídrico a inicios del siglo XX (Vázquez, 2011).

Los primeros antecedentes sobre legislación en materia del agua se sustentan en la Ley sobre Aprovechamiento de Agua de Jurisdicción Federal de 1910, adoptada en este régimen, confirmó el principio de que la jurisdicción federal sobre las aguas nacionales era bajo dominio público de la federación, siendo mediante la Constitución de 1917, donde se estableció con claridad la importancia del interés público sobre la propiedad privada y, en el artículo 27, se instauró que se otorga al poder federal la competencia exclusiva sobre las aguas nacionales superficiales. Así mismo, México adoptó un Código Agrario para reglamentar la irrigación en todo el país seguido de una Ley de Aguas de Propiedad Nacional, la cual favorecía la intervención pública federal y preveía las reglas para la administración de las aguas (Rolland & Vega, 2010).

En el año 1926 se creó la Comisión Nacional de Irrigación (CNI) la cual expandió la frontera agrícola en el territorio mexicano, además, también se realizó un importante programa de construcción de presas en varias regiones del territorio nacional (Vázquez, 2011).

La evolución del régimen jurídico del agua en México ha tenido varias modificaciones, ejemplo de esto fue el avance en sus leyes: la primera ley en materia de agua, como se mencionó anteriormente, fue en 1910 con la Ley sobre Aprovechamiento de Aguas de Jurisdicción Federal, posteriormente en 1934 se expidió la Ley de Aguas de Propiedad Nacional, la cual fue retomada y estuvo vigente durante más de 37 años. Al final de 1971 se expidió la Ley Federal de Aguas, que en 1986 se reformó y se establecieron los permisos de descarga de agua residual. Al final de 1991 entró en vigor el Decreto por el Uso o Aprovechamiento de Bienes del Dominio Público de la nación como Cuerpos Receptores de la Descarga de Aguas Residuales, posteriormente, en 1992, entró en vigor la Ley de Aguas Nacionales, reglamentando el artículo 27 (Domínguez, 2014).

Con respecto a las aguas subterráneas, en la década de 1940 se realizó una modificación al artículo 27 constitucional debido a las dificultades que afrontaban diferentes ciudades para el abastecimiento de agua potable, por lo que, se alentó la exploración de mantos acuíferos, permitiendo encontrar nuevas fuentes de abastecimiento de agua. En 1946 la Comisión Nacional de Irrigación condujo a la creación de la Secretaria de Recursos Hidráulicos perdurando hasta 1976, la cual es el antecedente de la creación de la Secretaría de Agricultura y Recursos Hidráulicos (Vázquez, 2011).

Con la adhesión al Tratado de Libre Comercio, la Ley de Aguas Nacionales de 1992, señalaba que a los gobiernos estatales se les otorgaba un papel más activo en la gestión del agua, invitándoles a adoptar sus propias leyes de gestión, o sea, se apostaba por la descentralización la cual se materializó mediante la estructuración y establecimiento de la Comisión Nacional del Agua (CONAGUA), organismo desconcentrado que labora con diversas dependencias de los gobiernos federal, estatal, municipal y con organismos operadores que se encargan de los servicios públicos de agua potable, alcantarillado y saneamiento (Rolland & Vega, 2010).

Con respecto al periodo denominado democratización, el Estado contempló un sistema de representación democrática proporcional en provecho de los diferentes usuarios del agua de una misma cuenca, generando los comités directores de distritos de irrigación, las empresas locales, los municipios, estados y de la comunidad en general, con esto se fijó la jerarquía de usos de agua sobre su territorio y se retomó cuando se estableció el Plan Nacional de Gestión Integral de Cuencas (Rolland & Vega, 2010).

Por último, la fase de liberalización se encuentra dirigida hacia la privatización de los servicios y la generación de una "nueva cultura del agua" la cual introduce una concepción mercantilista, en donde se aborda la imposición sobre los costos de extracción, purificación y distribución del agua y la presencia cada vez más marcada del sector privado (Rolland & Vega, 2010).

Política de manejo de aguas residuales en México

En la agenda global del agua, desde hace más de dos décadas se menciona la necesidad de promover los mecanismos para mantener una buena calidad del recurso disponible, no obstante, la inversión en tecnologías para el tratamiento de aguas residuales es mínima y no han dejado de utilizarse los cuerpos de agua superficial como vertederos de aguas negras, desechos sólidos y químicos provenientes de los centros de población (Vázquez, 2011), es por esto que, con la finalidad de regular su disposición, manejo y análisis, el gobierno mexicano creó diferentes normas para su regulación.

Las Normas Oficiales Mexicanas (NOM) son regulaciones técnicas obligatorias, su finalidad es establecer ciertas características que deben de reunir los procesos o servicios (Gobierno de México, 2020b). Durante el periodo de 1988 a la actualidad se han publicado y modificado diferentes normas para atender todos los ámbitos en materia de manejo de aguas residuales (tabla 3).

Tabla 3. Evolución de las Normas Oficiales Mexicanas

TEMPORALIDAD	CARACTERÍSTICAS
1988-1991	DOF 58 NTE
1992-1993	Cambio de NTE a NOM
1995	45 NOM agua residual
1996	NOM-001-ECOL-1996
1997-2014	NOM-001-Semarnat-1996 NOM-002-Semarnat-1996 NOM-003-Semarnat-1997

Fuente: Elaboración propia con base en (Domínguez Montero,2014)

Las Normas Técnicas Ecológicas (NTE) se expedían en la Ley General del Equilibrio Ecológico y la Protección al Ambiente (LGEEPA) (1988) para establecer el conjunto de reglas científicas o tecnológicas que instituían los requisitos, especificaciones, condiciones, procedimientos, parámetros y límites permisibles. Durante el periodo de 1988 a 1991 en el Diario Oficial de la Federación (DOF), se publicaron 58 NTE, de las cuales 33 eran en materia de aguas residuales. Para 1993 se reformaron las NTE, cambiando su nombre y desde ese año se llaman Normas Oficiales Mexicanas, en 1995 había 43 normas referentes a descarga de aguas residuales (Domínguez, 2014).

Actualmente en materia de aguas residuales se dispone de tres normas: NOM-001-Semarnat-1996 (límites máximos permisibles de contaminantes en las descargas de aguas residuales), NOM-002-Semarnat-1996 (límites máximos permisibles de contaminantes en las descargas de aguas residuales a los sistemas de alcantarillado) y la NOM-003-Semarnat-1997 (límites máximos permisibles de contaminantes para las aguas residuales tratadas que se reúsen en servicios al público) (Morales, 2014). Actualmente se tienen 27 normas mexicanas para el análisis de aguas residuales.

La normatividad en materia de aguas residuales fue creada para resolver los problemas de contaminación, sin embargo, aún existen afectaciones de los mismos a cuerpos de aguas nacionales (Domínguez, 2014), así como al entorno natural, modificando el paisaje, cambiando las condiciones económicas, sociales y la posible contaminación de las aguas subterráneas. Este panorama ha estado presente con mayor fuerza en zonas de gran concentración poblacional, como las ciudades, y en este caso, en las megalópolis, siendo fundamental conocer las políticas de manejo de aguas residuales en estos entornos.

Aguas residuales en la Megalópolis

Durante la segunda mitad del siglo XX el Valle de México experimentó un proceso acelerado de crecimiento poblacional y ocupación de su territorio, hasta ese entonces la ciudad estaba contenida en el entonces Distrito Federal, sin embargo, algunos municipios vecinos del Estado de México empezaron a conurbarse. En la actualidad la expansión de la metrópolis ocurre de manera fragmentada a través de procesos irregulares y bajo condiciones poco controlables. En este sentido, en el país se comenzó a implementar políticas relacionadas con la planeación urbana hasta la década de 1970, esto debido a los criterios diseñados por la Organización de las Naciones Unidas (ONU), siendo indispensable el establecimiento de mecanismos legales y administrativos para este tema (Delgado, 2018).

Un primer elemento para analizar este tópico es considerar el andamiaje institucional que favorezca la participación de las diferentes jurisdicciones que lo conforman. Ramírez (2018) desarrolla la necesidad de una gestión pública profesional en las Zonas Metropolitanas mediante el análisis de las leyes actuales que apoyen la colaboración y creación de condiciones y bases para que esto ocurra, con el propósito de construir beneficios metropolitanos que impacten en todas las jurisdicciones, resaltando que en el país se ha avanzado poco en la creación de capacidades para gestionar los diferentes problemas (agua potable, zonas de recarga de mantos acuíferos, transporte y movilidad).

Eibenschutz (2016) señala su preocupación sobre cómo actuar en términos de política pública en esta escala, siendo primordial entender que no se trata de resolver los problemas de la megalópolis -ya que estos se resuelven por sí solos- sino de encauzar, orientar y comprender los fenómenos que tienen dinámicas que nos han sobrepasado, como es el caso de la administración. Es necesario plantear una política pública megalopolitana aportando ejemplos relevantes, pero desde procesos participativos en que todas las instancias tengan injerencia.

Durante el siglo XX el objetivo central en materia de agua potable y drenaje en el territorio mexicano se orientó principalmente a la cobertura de servicios, con esto se permitió el acceso al recurso agua, sin embargo, todavía se apunta a que existen grupos humanos que no disponen de servicios de agua y que requieren atención (Pineada, Salazar, Moreno, & Navarro, 2017). En la actualidad, la gestión urbana del agua es un tema recurrente en las discusiones con personas expertas en cuestiones hídricas, siendo necesario incluir elementos del marco de operación y gestión del servicio, el marco institucional y el ciclo hidrológico ambiental (López *et al.*, 2017).

En resumen, la falta de coordinación entre usuarios y autoridades, aunado a la ausencia de un adecuado tratamiento y reúso de las aguas residuales generadas, conlleva a la intensa explotación del recurso, la contaminación de ecosistemas, la degradación de los suelos y al impacto negativo sobre la seguridad alimentaria El saneamiento de las aguas residuales se ha sido motivo de discusiones académicas, científicas y gubernamentales con el fin de asegurar su recolección, transporte, tratamiento y adecuada disposición en los cuerpos receptores para no perjudicar al medio ambiente y la salud de la población (Peña, Ducci, & Zamora, 2013).

Como consecuencia de la relevancia que ha adquirido la megalópolis, en el año 2013, se creó la Comisión Ambiental de la Megalópolis (CAMe), como un organismo de coordinación política entre los gobiernos de la Ciudad de México, y los estados de México, Hidalgo, Morelos, Querétaro, Puebla y Tlaxcala, y de esta manera realizar la planeación y ejecución de acciones en materia de protección, preservación y restauración del equilibrio ecológico de la región. La CAMe trabaja en cuatro temas prioritarios: el mejoramiento de la calidad de aire, el combate al cambio climático, la gestión integral de recursos hídricos y la conservación y restauración de la biodiversidad (Gobierno de México, 2020a).

La CAMe no ha tenido apoyos económicos suficientes, ni se le han otorgado las facultades ni recursos humanos necesarios para cumplir su objetivo, esto a pesar del trabajo realizado, así como por distintas autoridades locales y federales con el propósito de mejorar las condiciones ambientales. La calidad del aire se ha deteriorado y no han sido atendidos los problemas del agua. No existe información sobre políticas, iniciativas o programas de aguas residuales a nivel megalopolitano, sólo existen investigaciones y dictámenes técnicos a nivel metropolitano, resaltando el trabajo de algunas dependencias gubernamentales, siendo prioritario realizar un análisis a esta escala territorial y también de gestión del recurso.

Con la visión de cumplir el objetivo establecido en este capítulo, a continuación, se brinda un panorama sobre la situación de las aguas residuales en los estados que conforman la MZMVM. Si bien todo el estado forma parte de la megalópolis por cuestiones de manejo de información, el análisis sólo se centra en las zonas metropolitanas de cada entidad federativa, con excepción de Tlaxcala, en donde fue considerada la zona de Apizaco y la conjugación de Puebla y Tlaxcala.

Zona Metropolitana de la Ciudad de Querétaro. El estado de Querétaro es considerado uno de los más prósperos y de mayor crecimiento del país, cuenta con una población de dos millones de personas y se prevé un mayor desarrollo en las próximas décadas. Los acuíferos son la principal fuente de abastecimiento que ha sobrellevado al acelerado crecimiento en el estado, lo cual ha causado la sobreexplotación de casi el doble de su recarga natural, así mismo el riego agrícola es la actividad responsable en mayor medida de la sobreexplotación, originando escasez del líquido e incremento de la contaminación (Sandoval & Godinez, 2015)entre los que se incluyen: Características del agua residual: DBO, materia en suspensión, pH, productos tóxicos. Calidad del efluente de salida requerido. Coste y disponibilidad de terrenos; p. ej., ciertos tratamientos biológicos (lagunaje, estanques de estabilización.

Desde la última década del siglo XX, la Zona Metropolitana de la Ciudad de Querétaro ha desarrollado complejos problemas con relación a los recursos hídricos para satisfacer sus necesidades presentes y futuras y satisfacer las demandas de la agricultura, industria y uso doméstico, siendo la disponibilidad de agua la principal limitante del bienestar económico y social a largo plazo. Algunos de los principales retos en torno al manejo del agua se encuentran vinculados con el aumento creciente de la demanda, producto del crecimiento de población y el desarrollo económico, además, el abastecimiento del agua potable para esta zona proviene de un acuífero subterráneo sobreexplotado (Acuífero del Valle de Querétaro), lo cual representa un riesgo para el gobierno y la sociedad (Estada, 2008).

En cuanto al tratamiento de aguas residuales, la Comisión Estatal de Aguas en la ciudad de Querétaro cuenta con cinco plantas de tratamiento que mantienen una cobertura de tratamiento de 38% de la cual se reutiliza el 88% para el riego de parques, jardines e industria. Se prevé un aumento de generación y manejo de aguas residuales con la finalidad de que el porcentaje de agua tratada pueda alcanzar un reúso en igual porcentaje en riego, servicios urbanos e industriales y recargas de acuíferos (Sandoval & Godinez, 2015)entre los que se incluyen: Características del agua residual: DBO, materia en suspensión, pH, productos tóxicos. Calidad del efluente de salida requerido. Coste y disponibilidad de terrenos; p. ej., ciertos tratamientos biológicos (lagunaje, estanques de estabilización, (Estada, 2008).

Las aguas residuales de la zona se integran por descargas del sector doméstico e industrial bajo el control de las descargas industriales en el sistema de alcantarillado a cargo de la Comisión. Las aguas son descargadas a través de emisiones en el Río Querétaro, al cual se le incorporan aguas pluviales. En los primeros 15 km del río se hacen diferentes desviaciones por parte de ejidatarios para riego de cultivos, situación que genera impactos en la agricultura (concentración de sales en el suelo, desgaste de la tierra y disminución de rentabilidad) y efectos sobre la salud humana (aumento de enfermedades relacionadas con la inhalación de vapores procedentes de las aguas de los canales) (Centro de Estudios para la Preparación y Evaluación Socioeconómica de Proyectos [CEPEP], 2010).

Zonas Metropolitanas de Puebla y Tlaxcala. El estado de Puebla está ubicado en el centro oriente de México, es el quinto estado más poblado y el 72% de las personas viven en contextos urbanos. Por otra parte, el Estado de Tlaxcala se encuentra entre las zonas metropolitanas del Valle de México, Puebla y Pachuca, ubicación que le confiere ser una zona de influencia y parte de múltiples relaciones, en el estado están ubicadas dos zonas importantes: a) zona metropolitana Tlaxcala-Apizaco y b) dinámica de la zona metropolitana Tlaxcala-Puebla, siendo esta última una de las mayores conurbaciones y ejemplos de la existencia y relevancia de relaciones funcionales entre dos entidades. A continuación, se aborda la relevancia de ambas zonas metropolitanas.

Zona Metropolitana Puebla-Tlaxcala (ZMPT). Históricamente la zona Puebla-Tlaxcala es una región física natural que se articuló en dos valles centrales, existiendo una importante discusión sobre esta concentración urbana ya que la misma no aparece como una región integrada, sino como dos ciudades independientes vinculadas (Ramírez, 2010). En 1969 se estableció por decreto gubernamental el corredor industrial Puebla - San Martín Texmelucan, lo que favoreció la industrialización y metropolización del territorio, consolidándose durante la reactivación industrial en la década de 1960 y se manifestó de forma territorial en la conurbación de diferentes municipios. El proceso de urbanización de esta zona metropolitana se debe en parte, al desarrollo de otros municipios de Puebla y Tlaxcala, siendo un punto nodal para el movimiento de la población y los recursos (Suárez, 2015)

La ZMPT ocupa el cuarto sitio en términos demográficos, es la segunda dentro del sistema megalopolitano de la Ciudad de México y es un nodo de articulación estratégico entre las regiones centro y sur - sureste del país. Actualmente esta zona metropolitana está consolidada como centro industrial predominante automotriz siendo proveedora regional relevante de servicios profesionales, financieros, turísticos y de educación superior. En cuestión hidrológica esta zona pertenece a la Cuenca del Alto Atoyac teniendo el acuífero en veda a causa de la sobreexplotación, con una relación de extracción sobre recarga a la mitad de su capacidad. hay 31 plantas de tratamiento de aguas residuales y se tiene como propuesta de proyecto implementar un programa metropolitano de manejo y la reactivación y puesta en funcionamiento de plantas de tratamiento (Secretaría de Obras Públicas, 2013a).

La contaminación del recursos hídrico es el mayor problema en materia ambiental que presenta la zona metropolitana, es por ello, que la recuperación del río Atoyac se consolida como el mayor esfuerzo significativo para llevar a cabo el saneamiento a largo plazo de las fuentes de agua más importantes de la región, para eso se proyecta la construcción de modelos de recolección y tratamiento de aguas residuales, y de esta manera mejorar los servicios de agua potable y alcantarillado (Secretaría de Desarrollo Social [SEDESOL], Gobierno municipal Puebla, & CITELUM, 2012)

Zona Metropolitana Tlaxcala-Apizaco. La tendencia de crecimiento horizontal de algunas ciudades del estado de Tlaxcala ha llevado a la conurbación de distintos municipios. La Zona Metropolitana Tlaxcala-Apizaco (ZMTA) se ubica en la porción central del estado, lugar en donde se presenta una fuerte interacción entre la ciudad de Apizaco con la capital a través de un constante flujo de bienes y recursos humanos favorecido por las vías de comunicación, además, de generar una relación socioespacial y económica muy importante. Esta zona tiene 15 cuencas hidrológicas, representa la corriente superficial más importante del estado, drenando el 52% de la superficie estatal. En cuanto a la hidrología subterránea, la zona se clasifica con una sola unidad y/o acuífero. Tiene quince plantas de tratamiento de aguas residuales, siendo los municipios de Apizaco y Tlaxcala los que tienen mayor capacidad de tratamiento, representando el 39% de la capacidad instalada de tratamiento en el Estado (Secretaría de Obras Públicas, 2013b).

Zonas Metropolitanas de Hidalgo. Las ciudades hidalguenses no están exentas de la tendencia de conurbación. Dentro de este patrón de crecimiento urbano es posible identificar dos zonas metropolitanas: a) Tulancingo y Tula (Tovar García, 2011), y b) la Zona Metropolitana de Pachuca (ZMP), siendo esta última la más relevante, pues en ésta, el agente determinante del conglomerado urbano es la construcción de grandes desarrollos habitacionales en la periferia e incorporación de nuevos municipios a la zona metropolitana (Pérez, 2018).

La formación de la Zona Metropolitana de Pachuca se basó en la organización espacio-temporal, la cual, al encontrarse expuesta a la presión sociodemográfica en el centro del país, generó la reorganización geográfica del municipio de Pachuca con los municipios colindantes. Pachuca, al no tener mayor espacio para urbanizar, ha desbordado su crecimiento hacia otros espacios cercanos, como es el caso del municipio de Mineral de la Reforma, impactando en las localidades cercanas y cambiando el uso de suelo agrícola por el habitacional. Según las proyecciones de crecimiento de poblaciones para los municipios del país publicadas por el Consejo Nacional de Población (CONAPO), refieren que en la Zona Metropolitana de Pachuca la tendencia de población urbana aumentará con respecto a la población rural y este sector poblacional migrará a las zonas urbanas con concentración de actividades socioeconómicas, dando origen a diversos problemas, por ejemplo, el aumento en la demanda de servicios públicos básicos como el agua potable (Garcia, Franco, & Granados, 2019).

Pachuca puede ser considerada como una ciudad que se construye de manera hidráulica debido a la demanda de abastecimiento de agua potable a sus habitantes y la problemática sobre su red de distribución y desalojo de aguas negras, siendo el río de las Avenidas uno de los mayores referentes debido a que determina la distribución espacial y la lógica de crecimiento de la ciudad. En la periferia se ubica el riego periurbano al margen del río, pues desde mediados del siglo XX, algunas localidades utilizan las aguas residuales para el riego de cultivos. Otro problema asociado con esta situación es el cambio de uso de suelo, ya que algunos ejidos han dejado de ser reserva ecológica y ser ocupados por procesos de urbanización, además de la presencia de 3 parques industriales (Téllez, 2018).

En lo referente a la materia de manejo de aguas residuales, existen diversas inquietudes plasmadas en notas periodísticas e informes gubernamentales sobre la necesidad de un manejo integral de las mismas, no obstante, en la ciudad de Pachuca en el 2018 se planteó la propuesta de una planta tratadora de aguas residuales para controlar afluentes urbanos, municipales, industriales y de origen agrícola. El Valle de Mezquital en Hidalgo es relevante, se caracteriza por ser una región dedicada a la agricultura, pero desde hace cien años recibe las aguas residuales de la Zona Metropolitana del Valle de México como respuesta a las inundaciones que sufría la Ciudad de México, bajo este panorama y aunado al crecimiento de la zona metropolitana y la baja capacidad de tratamiento de las residuales, incrementó el flujo a Hidalgo (García, 2019). Es fundamental analizar el vínculo entre la Zona Metropolitana del Valle de México y su impacto en el Estado de Hidalgo.

Zona Metropolitana del Valle de México. Desde el inicio del siglo XXI, la ZMVM se ha convertido en el núcleo central de una ciudad región, conformada por seis zonas metropolitanas, siendo los procesos más significativos en términos de los cambios territoriales, la privatización de lo público desde las grandes empresas paraestatales, la generación de infraestructuras y servicios urbanos, la privatización del suelo rural, la mercantilización, el debilitamiento de la planeación urbana y el nuevo protagonismo del mercado de suelo e inmuebles (Pradilla, 2016). El Valle de México tiene arreglos complejos y fragmentados pareciendo no disponer de mecanismos institucionales claros y eficaces que permitan planear el desarrollo urbano y coordinar los servicios urbanos. La

ZMVM es el centro económico, financiero, político y cultural de México comprendiendo las 16 delegaciones de la Ciudad de México (CDMX), 59 municipios del Estado de México y un municipio del Estado de Hidalgo. Su población se encuentra en crecimiento constante, sobre todo en las periferias, contribuyendo de manera importante en la economía nacional (Organización para la cooperación y desarrollo económico [OCDE], 2015).

En la Ciudad de México se genera un caudal de aguas negras de 45 m^3/s, de los cuales, la CDMX produce 25 m^3/s, y los 17 municipios conurbados del Estado de México aportan 20 m^3/s. En la CDMX la mayor parte del caudal de aguas residuales se genera en las delegaciones más consolidadas ubicadas en el centro de la ciudad y en las periferias de las Delegaciones Iztapalapa y Gustavo A. Madero, esto debido a su alto número de habitantes (Perló & González, 2005).

El 11.43% del suministro de agua potable a la ZMVM proviene del acuífero de Lerma y el 37.14% del sistema Cutzamala (ubicados en el territorio del Estado de México), afectando directamente a los componentes naturales y sociales de los entornos suministradores de agua. Se generan 40 m^3 /s de aguas residuales con una capacidad instalada para tratar 10 m^3/s, lo que representa el 25% de las aguas residuales generales, de las cuales solo se trata el 13% (Cortés, López, & Costilla, 2017). El tratamiento de aguas residuales podría representar una fuente potencial de agua siempre y cuando se realicen acciones eficientes. Una de las problemáticas es el alto nivel de cobertura, pero la baja calidad del servicio ya que el abastecimiento de agua es irregular y los niveles de tratamiento de agua residual son bajos, así mismo, la contaminación de ríos y acuíferos producto de las descargas residuales.

Zonas Metropolitanas del Estado de México. En el Estado de México se ha consolidado un patrón metropolitano de urbanización. En la entidad se ubican tres zonas metropolitanas: a) Zona Metropolitana Cuautitlán- Texcoco, b) Zona Metropolitana de Tianguistenco y c) Zona Metropolitana de Toluca (ZMT) (Consejo Estatal de Población [COESPO], 2019).

Toluca funge como municipio central en el contexto metropolitano y megalopolitano, no obstante, independientemente de su tamaño, Toluca ha rebasado su límite político-económico, representando un nodo fuerte de concentración demográfica, el cual articula el conjunto de municipios exteriores, ejemplo de esto fue que entre 1990 y 2010 hubo un crecimiento demográfico en los municipios periféricos de Lerma, Calimaya, Chapultepec, Rayón y San Antonio la Isla, situación provocada por la accesibilidad al suelo y a la oferta de varios proyectos inmobiliarios de casa-habitación (Sánchez & Hernández, 2015).

La ZMT presenta diversas condiciones altamente diferenciales, observándose una realidad heterogénea tanto en aspectos económicos, políticos y sociales (Santana, Rosales, Manzano, Santana, & Serrano, 2015), razón por la cual, se han provocado diferentes problemáticas que conllevan a conflictos como el suministro de agua potable, siendo uno de los mayores ejemplos el Sistema Cutzamala.

A comienzos del siglo XX y producto de diferentes investigaciones sobre la deshidratación y compactación del subsuelo por la extracción excesiva de agua en la CDMX, se propuso un proyecto de captación de aguas en el Alto Lerma, surgiendo así el Sistema Lerma. Si bien esta iniciativa marcaba la posibilidad de brindar agua a largo plazo, después de varios años de bombeo y del término del agua de la cuenca de Lerma fue necesario extender las opciones para la obtención del vital líquido, haciendo diferentes adecuaciones y ampliando su cobertura, razón por la cual, el sistema Cutzamala es uno de los sistemas de suministro de agua potable más grande del mundo, se encuentra integrado por siete presas y seis estaciones de bombeo (Perló & González, 2005).

El sistema Cutzamala aporta agua en bloque a la Ciudad de Toluca, 21 delegaciones municipales y municipios de la ZMVM. Respecto a la calidad del agua extraída, existe alto potencial de contaminación del acuífero, esto debido a los niveles de agua, las características del subsuelo y la abundancia de fuentes de contaminación, algunos ejemplos de esta situación son las fuentes puntuales en las zonas industriales (una parte del sistema de Lerma se ubica en el corredor industrial Toluca-Lerma), la gran cantidad de basureros ubicados en áreas de alta filtración y la contaminación directa por las descargas de aguas residuales, tal es el caso de la rivera del Río Lerma en la cual es alta la infiltración de aguas residuales de Toluca y municipios adyacentes, así como las descargas industriales del corredor Toluca-Lerma (Escolero, Martínez, Kralisck, & Perevochtchikova, 2009).

Zona Metropolitana del Estado de Morelos. El Estado de Morelos forma parte de la región centro, contiene dos zonas metropolitanas (Cuernavaca y Cuautla) así como las zonas conurbadas intermunicipales de Miactlán y Jojutla (Ruiz, Alvarado, & Coronado, 2015).

El crecimiento de Cuernavaca se aceleró por el incremento de su relación con la CDMX. Fue en la década de 1960 que se inauguró la Ciudad Industrial del Valle de Cuernavaca (CIVAC) construido en el poblado de Tejalpa en el municipio de Jiutepec contiguo a Cuernavaca. Esta construcción detonó varias obras, siendo el causante del crecimiento demográfico en los municipios vecinos y, a partir de estos cambios, Cuernavaca entró en una economía de base industrial y se ubicó como el eje articulador del sistema urbano estatal, provocando cambios demográficos importantes entre los que resalta el llegar a un límite de crecimiento demográfico en la zona pero consecuentemente con altas tasas en los municipios y localidades periféricas (Sámano & Páramo, 2015).

Una característica fundamental en este proceso, fue la apertura de vías de comunicación que se realizaron para comunicar a la metrópolis de México con el puerto de Acapulco, provocando que Cuernavaca sufriera un proceso de conurbación física y por consiguiente, sumar más superficie construida y consolidar la Zona Metropolitana de Cuernavaca (ZMC) (Ruiz *et al.*, 2015).

La ZMC está constituida por los municipios de Cuernavaca, Jiutepec, Temixco, Xochitepec, Huitzilac, Tepoztlán y Emiliano Zapata, siendo Cuernavaca el de mayor área territorial y por supuesto, el que aporta mayor concentración poblacional (Colegio Mexiquense, 2018). La ZMC presenta realidades e intereses, resaltando la gestión del agua. En el Estado de Morelos, la Ley Estatal de Agua Potable, reconoce que el servicio de agua potable podrá prestarse por organismos operadores municipales o intermunicipales mediante una dependencia u organismo encargado del ramo de agua potable y medio ambiente, resaltando las tablas de los Sistemas de Conservación, Agua Potable y Saneamiento Municipales, los cuales surgieron mediante comités comunitarios. Ni la Comisión Estatal del Aguado ni los propios municipios cuentan con un censo o padrón completo y confiable de los sistemas que operan, sin embargo, Millán (2015) señala que de acuerdo con el informe del 2012 de la Comisión Estatal del Agua se estima que los sistemas independientes prestan servicios de agua potable y saneamiento a 44% de la población.

En la ZMC, la cuenca presenta un alto grado de contaminación por efecto de la descarga de las aguas residuales urbanas e industriales de los centros de población, además del depósito inadecuado y el arrastre de desechos sólidos en los cauces y barrancos conllevando a un grave problema de azolvamiento y pérdida de suelo fértil. En este contexto el deterioro de la calidad del agua en la cuenca de la ZMC se identifica como el principal problema ambiental (Instituto Mexicano de Tecnología del Agua [IMTA] & Arronte, 2007).

Conclusiones.

La preponderancia urbana es un fenómeno de escala mundial el cual no ha sido posible contener y ha conducido a la aparición de nuevas formas territoriales que permiten explicar las interrelaciones de diferentes fenómenos espaciales, poblacionales, económicos, sociales, culturales y ambientales, dejando en claro que la ideología de una sola centralidad ha quedado rebasada y remplazada por propuestas más integrales y dinámicas como las megalópolis.

La megalópolis es un fenómeno del siglo XXI, su estudio y aparición se remonta a tiempo pretérito, en el caso de México y con la llegada del nuevo siglo, se comenzó a analizar esta nueva escala territorial pero no sólo desde una visión geográfica o de disponibilidad de recursos naturales, sino desde un paradigma complejo que permitiera comprender las diferentes interacciones, relaciones y posibles problemáticas generadas por las mismas. Es pertinente resaltar que la megalópolis no es una delimitación estática, sino continúa expandiéndose, siendo un tema fundamental para abordar en diferentes dimensiones, propósitos, áreas e intereses.

Si bien el proceso de urbanización a través de la historia se ha visto como una posible solución al "rezago" adjudicado a las poblaciones rurales, las urbes parecieran ser que no son garantía de una mejora total dentro de la vida de sus habitantes, ejemplo de esto son los problemas de contaminación, desigualdad, pobreza, bienestar social, desarrollo humano y de falta de disponibilidad de recursos, siendo este último, un tema fundamental para afrontar las problemáticas proyectadas para los próximos años, específicamente la falta de agua y la preponderancia del estrés hídrico en muchas ciudades.

Es relevante vincular y estudiar la política, programas, proyectos y acciones para el manejo hídrico y el proceso de urbanización, debido a la necesidad de afrontar la demanda presente y futura del vital líquido, así como por un manejo integral del mismo y cambiar la perspectiva de que las aguas residuales no son más que un residuo de una acción, apostando por la generación no tan sólo de infraestructura para tratamiento sino de una cultura de manejo, valoración y conocimiento de la importancia del agua para la vida y de la necesidad de la intervención de la población para un manejo sustentable y sostenible del recurso agua.

Las políticas vinculadas con el agua, específicamente las de manejo de aguas residuales han cambiado con el tiempo, esto con la finalidad de atender las diferentes necesidades de la gente y retomando la realidad de las poblaciones que habitan una zona determinada, por ejemplo la "nueva tabla espacial" que representa la megalópolis y la obligación de hacer frente al posible desabasto y a los impactos que genera su inadecuado manejo, como es el caso de la contaminación de aguas superficiales y subterráneas que representan la base para el consumo humano.

El apostar a nivel nacional por el análisis y delimitación de una megalópolis compuesta por siete entidades federativas, representa una tarea titánica y compleja, ya que pareciera ser, que no se le ha dado la relevancia y el énfasis necesario para la coordinación de diferentes temas, centrándose principalmente en la contaminación atmosférica y en la generación de programas para su manejo, postergando como un objetivo a largo plazo diferentes tópicos, entre ellos la gestión y manejo del recurso agua, siendo que al no presentar un manejo integral adecuado del agua a nivel megalopolitano es un problema grave desde diferentes aristas.

Derivado de la falta de iniciativas eficientes, se brindó un panorama muy general sobre la situación de las aguas residuales en cada una de las zonas metropolitanas de las siete entidades que conforman la MZMV. Aunque es imposible hablar de una realidad homogénea, tras su análisis se puede concluir que existen ciertas similitudes y tópicos recurrentes en cada una de ellas, como es el caso de los procesos socioambientales de cambio de uso de suelo, la sobreexplotación de mantos acuíferos, la contaminación, el manejo de las plantas de tratamiento de aguas residuales y por supuesto, su impacto en la salud.

En lo referente con los procesos de cambio de cobertura/uso del suelo es una temática relevante en diferentes investigaciones de planeación territorial, esto debido a que han arrasado con diversos recursos tanto naturales como bioculturales y económicos, los cuales son los medios de subsistencia de sus habitantes en pro de la derrama económica a beneficio de unos cuantos y encubierta por la idea de progreso representada por los procesos de urbanización, siendo que este no es el único problema que conlleva ya que por los cambios de cobertura se ha propiciado la generación de múltiples problemas ambientales, económicos y sociales.

La sobreexplotación de mantos acuíferos fue un tema recurrente en todas las entidades que conforman a la megalópolis, en mayor o menor medida es notoria la preocupación por la capacidad de abastecimiento de agua a la población en un futuro, existiendo ejemplos de generación de infraestructura que permita movilizar el vital líquido desde otra región con el fin de suministrarse, siendo este un problema debido a que causa desabastecimiento y conflictos poblacionales en otras regiones.

Aunado a los temas referidos, la contaminación de mantos acuíferos y de cuerpos superficiales es una de las preocupaciones y realidades reiterativas en los estados que conforman, ya que el inadecuado manejo y la disposición de los residuos de diferentes tipos ha generado problemas graves que afectan los recursos naturales, el paisaje y a las personas. Es relevante aclarar que no sólo el mal manejo de los residuos ha contribuido a dichas implicaciones, el abandono del manejo de las aguas residuales, así como la ausencia de gestión y capacidad para su tratamiento (infraestructura e inversión) representan un punto central para su generación.

Fue posible constatar que existe información sobre el número de plantas residuales a lo largo del tiempo en cada una de las zonas metropolitanas de la megalópolis, sin embargo, no en todas fue posible conocer la cantidad de agua tratada y su disposición, así mismo se observó la preponderancia de las aclaraciones sobre la situación de las plantas de tratamiento, señalándose que algunas no están en funcionamiento o que no corresponden al ámbito público.

Las limitantes de este análisis fueron dos: 1ª) la falta de información a nivel megalopolitano limitó la posibilidad de comprender el manejo integral de aguas residuales a esta escala territorial, siendo tema fundamental para entender ya que entre las entidades se comparten cuencas hidrológicas, siendo un área de posibilidad para realizar un verdadero cambio en el manejo de las aguas residuales, y, 2ª) la información no es homogénea, es decir, existe mayor disponibilidad de la zona metropolitana en el contexto nacional, siendo la ZMVM la que dispone de mayores estudios y datos, haciendo complicada la posible comparación y análisis con otras zonas y casi imposible la integración en un análisis megalopolitano.

Por último, la falta de vinculación en diversas escalas territoriales, observándose problemas de coordinación entre niveles intermunicipales, metropolitanos y megalopolitano, siendo esto un grave problema ya que todas las entidades que la conforman se encuentran interconectadas para su manejo, volviéndose necesario comprender que las diferentes iniciativas institucionales deben de tomar en cuenta las relaciones estructurales y funcionales entre los estados, la complejidad de este fenómeno y que el agua no reconoce fronteras políticas.

Referencias bibliográficas

Aguilar Villanueva, L. F. (1992). El estudio de las políticas públicas. México: Porrua. Recuperado de https://dialnet.unirioja.es/servlet/articulo?codigo=614512

Breña Puyol, A. F., & Breña Naranjo, J. A. (2009). Problemática del recurso agua en grandes ciudades: zona metropolitana del valle de México. Contactos, 74, 10–18.

Canto Chac, M., & Castro Soto, O. (2002). Participación ciudadana y políticas públicas en el municipio (2a ed.). México.

Cepep. (2010). Evaluación Social De La Planta De Tratamiento De Aguas Residuales De La Zona Norte De Querétaro (Perfil).

COESPO. (2019). Zonas Metropolitanas del Valle de México. Recuperado de https://coespo.edomex.gob.mx/zonas_metropolitanas

Colegio Mexiquense. (2018). Anexo 5. Información de zonas. México.

Comisión Ambiental de la Megalópolis. (2018). La megalópolis de la ZMVM. Recuperado de https://www.gob.mx/comisionambiental/articulos/la-megalopolis-de-la-zmvm?idiom=es

CONAGUA. (2006). El agua en México. México: Comisión Nacional del Agua.

Cortés Núñez, K., López Guerra, G., & Costilla Villanueva, D. (2017). Abastecimiento de agua potable en "La Zona Metropolitana del Valle de México".

De Alba, F. (2015). Megalópolis Carpeta informativa. Julio 2015. México. https://doi.org/10.13140/RG.2.1.2139.8248

De Alba, F. (2016). El agua en tiempos de incertidumbre: una propuesta de análisis sobre conflictos hídricos en la metrópolis de México.

De Alba, F. (2017a). Indicador de "Malestar Hídrico". Deficiencias en el acceso al agua en la megalópolis. (September).

De Alba, F. (2017b). Las "urgencias" de la megalópolis. México.

De Alba, F., & Hernández, N. (2016). La megalópolis: ideas, propuestas y paradojas. Recuperado de http://www5.diputados.gob.mx/index.php/esl/content/download/60606/306184/file/CESOP-IL-14-CIMegalopolisIdeasPropuestasyParadojas161010.pdf

De Alba, F., & Hernández, N. (2017). La megalópolis como el mundo de los procesos en desborde. En Las paradojas de la megalópolis. Un debate a diferentes voces (1a ed., pp. 41–74). México. Recuperado de https://www.researchgate.net/publication/319244233_La_megalopolis_como_el_mundo_de_los_procesos_en_desborde_The_Megalopolis_as_an_World_of_Overflow_Processes

De Las Heras Gutiérrez, D., Adame Martínez, S., Cadena Vargas, E. G., & Campos Alanís, J. (2019). Sustentabilidad del desarrollo urbano en la Megalópolis de México: perspectiva desde el análisis espacial. Economía Sociedad y Territorio, xx, 89–122. https://doi.org/10.22136/est20201441

Delgado, J. (2018). Gestión metropolitana. Retos y propuestas. 4° Coloquio Internacional Megalópolis y Medio Ambiente. México.

Delgado, J., Larraldea, A. H., & Anzaldo, C. (1999). La corona regional de la Ciudad de México. Primer anillo exterior en formación. En U. Programa de Investigación Metropolitana (Ed.), Territorio y cultura en la Ciudad de México (1a ed.). Plaza y Valdes.

DOF. (1996). Programa General de Desarrollo Urbano del Distrito Federal. Recuperado de http://www.dof.gob.mx/nota_detalle.php?codigo=4892371&fecha=15/07/1996

Domínguez Montero, L. E. (2014). El desarrollo de los instrumentos legales, tecnológicos y económicos en el tratamiento de aguas residuales en México. Centro de Investigación y de Estudios Avanzados del Instituto Politécnico Nacional.

Eibenschutz, R. (2016). ¿Cómo planificar este megaterritorio? En Centro de Estudios Sociales y de Opinión Pública CESOP (Ed.), Segundo Coloquio Internacional "Las paradojas de la megalópolis. Gobernar el aire, el agua y el territorio". México.

Escolero Fuentes, O., Martínez, S., Kralisck, S., & Perevochtchikova, M. (2009). Vulnerabilidad de las fuentes de abastecimiento de agua potable de la Ciudad de México en el contexto de cambio climático. México.

Estada, M. M. U. (2008). Uso sostenible del agua en la ciudad de Querétaro. Expo Zaragoza 2008, 8. Recuperado de https://www.zaragoza.es/contenidos/medioambiente/cajaAzul/27S6-P5-Manuel UrquizaACC.pdf

Ezcurra, E. (1996). De las chinampas a las megalópolis. El medio ambiente en la cuenca de México (4a ed.). México: Fondo de Cultura Económica. https://doi.org/10.1017/CBO9781107415324.004

Feldman, D. (2017). The Water-Sustainable City. En The water-sustainable city. México: Edward Elgar Publishing. https://doi.org/10.4337/9781783478576

García-Salazar, E. M. (2019). El agua residual como generadora del espacio de la actividad agrícola en el Valle del Mezquital, Hidalgo, México. Estudios Sociales. Revista de Alimentación Contemporánea y Desarrollo Regional, 29(54). https://doi.org/10.24836/es.v29i54.741

Garcia Benitez, M., Franco-Sánchez, L. M., & Granados-Alcantar, J. A. (2019). Evaluación del crecimiento de la población y transformación del uso de suelo urbano en la Zona Metropolitana de Pachuca, México. Quivera Revista de Estudios Territoriales, 21(2), 63. https://doi.org/10.36677/qret.v21i2.12378

Garza, G. (2002). Evolución de las ciudades mexicanas en el siglo XX. Notas, revista de información y análisis, 01(19), pp 7-16. Recuperado de http://www.inegi.org.mx/prod_serv/contenidos/espanol/bvinegi/productos/integracion/especiales/notas/notas19.pdf

Garza, G. (2010). La transformación urbana de México, 1970-2020. En C. de México (Ed.), Los grandes problemas de México. Desarrollo urbano y regional (1a ed., pp. 31–87). México.

Global Water Partnernship. (2013). Hacia una gestión integrada de aguas urbanas.

Gobierno de México. (2020a). Comisión Ambiental de la Megalópolis ¿Qué hacemos? Recuperado de https://www.gob.mx/comisionambiental/que-hacemos

Gobierno de México. (2020b). Glosario, anuario de morbilidad 1984-2018. Recuperado de http://www.epidemiologia.salud.gob.mx/anuario/html/glosario.html

González Yñigo, M. G. (2018). "Análisis De La Política De Vivienda Sustentable: Infonavit Y Sus Programas De Fomento (2007-2016). Universidad Autónoma del Estado de México.

Gottmann, J. (1961). Megalopolis: the urbanized northeastern seaboard of the United States. (The Twentieth Century Fund, Ed.). New York.

IMTA, & Arronte, F. G. R. (2007). Plan estratégico para la recuperación ambiental de la cuenca del río Apatlaco. Recuperado de https://agua.org.mx/wp-content/uploads/2014/05/plan-cuenca-del-rio-apatlaco.pdf

INCyTU. (2019). Tratamiento de aguas residuales (Vol. 52).

Iracheta, A. (2016). La megalópolis del Centro de México: el reto institucional. En Centro de Estudios Sociales y de Opinión Pública CESOP (Ed.), Segundo Coloquio Internacional "Las paradojas de la megalópolis. Gobernar el aire, el agua y el territorio". México.

López, C., Zambrano, L., Ruiz Ortega, R., Guzmán, M. L., Pérez Espejo, R., Sandoval, R., … Pineda Pablo, N.

(2017). El agua en México (R. P.-V. Christian Denzin, Federico Taboada, Ed.).

López Morales, E. (2016). World gentrifrication. En Centro de Estudios Sociales y de Opinión Pública CESOP (Ed.), Segundo Coloquio Internacional "Las paradojas de la megalópolis. Gobernar el aire, el agua y el territorio". México.

Lossouarn, C., Pangare, V., Fenghua, S., Lentini, E. J., Dickinson, M. A., Dung, T., Loftus, T. (2017). Agua, Megaciudades y Cambio Climatico. Organización de las Naciones Unidas para la Educación, la Ciencia y la Cultura.

Meireles, M., & Sanches, C. (2018). Atributos que caracterizan una megalópolis. Revista Brasileira de Gestão Urbana, 10, 1–19. https://doi.org/10.1590/2175-3369.010.SUPL1.A002

Millán Malo, G. (2015). La prestación de los servicios de agua potable en el estado de Morelos, México.

Morales, G. M. (2014). Calidad del agua residual tratada. En SEMANART, IMTA (Instituto Mexicano de Tecnología del Agua). Recuperado de http://www.aniq.org.mx/boletines/2014/assets/img/2014/abril/secciones/20140326_aniq.pdf

OCDE. (2015). Estudios Territoriales de la OCDE Valle de México, México. En OECD Territorial Reviews: Valle de México, México. https://doi.org/http://dx.doi.org/10.1787/9789264245174-en.

OEFA. (2014). Fiscalización ambiental en aguas residuales. En Organismo de Evaluacion y Fiscalizacion Ambiental.

Recuperado de https://www.oefa.gob.pe/?wpfb_dl=7827

ONU. (2013). Agua y Ciudades Hechos y Cifras.

Peña, M. E. D. La, Ducci, J., & Zamora, V. (2013). Tratamiento de aguas residuales en México. En Nota Técnica #IDB-TN-521. https://doi.org/IDB-TN-521

Pérez Marcial, C. R. (2018). Expansión de la ciudad en la zona metropolitana de Pachuca: procesos desiguales y sujetos migrantes e inmobiliarios. Territorios, (38), 41. https://doi.org/10.12804/revistas.urosario.edu.co/territorios/a.5577

Perló Cohen, M., & González Reynoso, A. E. (2005). ¿Guerra por el agua en el Valle de México?: estudio sobre las relaciones hidráulicas entre el Distrito Federal y el Estado de México (1a ed.). México: Universidad Nacional Autónoma de México.

Pineada Pablos, N., Salazar Adams, A., Moreno Vázquez, J. L., & Navarro Navarro, L. A. (2017). La gestión urbana del agua: entre el oportunismo y el desarrollo adaptativo. En C. Denzin, F. Taboada, & R. Pacheco-Vega (Eds.), El agua en México (p. 256). México.

Pradilla Cobos, E. (2016). Zona Metropolitana del Valle de México: neoliberalismo y contradicciones urbanas. Sociologías, 18(42), 54–89. https://doi.org/10.1590/15174522-018004203

Procuraduría ambiental y del ordenamiento territorial del D.F. (s/f). Diagnóstico de la problemática urbano ambiental en la Ciudad de México y su Zona Metropolitana.

Ramírez, E. (2018). Gestión pública profesional en Zonas Metropolitanas. 4°Coloquio Internacional Megalópolis y Medio Ambiente.

Ramírez Velázquez, B. R. (2010). Urbanización-Metropolización: elementos teóricos para la comprensión de la región Puebla-Tlaxcala. En La Zona Metropolitana Puebla-Tlaxcala. Situación actual y posibilidades de desarrollo. Universidad Autónoma de Tlaxcala.

Rolland, L., & Vega Cárdenas, Y. (2010). La gestión del agua en México. POLIS, 6(2), 155–188.

Rubio Quiroz, J. F., & Venegas Maldonado, L. Creación de una comisión espacial de la Megalópolis. (2015). México: LXIII legislatura.

Ruiz López, C. F., Alvarado Rosas, C., & Coronado Amaro, F. (2015). Dinámicas territoriales y fraccionamientos cerrados en la zona metropolitana de Cuernavaca. 20° Encuentro Nacional sobre Desarrollo Regional en México, (2010), 1–27. Morelos, México: Universidad Nacional Autónoma de México. Recuperado de http://ru.iiec.unam.mx/3049/1/Eje9-093-Ruiz-Alvarado-Coronado.pdf

Sámano, M. J. L., & Páramo, R. M. A. (2015). Metropolización y región periurbana en Morelos. 20° Encuentro Nacional sobre Desarrollo Regional en México., 1–26. Morelos, México: Universidad Nacional Autónoma de México.

Sánchez, N. G., & Hernández, M. E. O. (2015). Contablación terciaria de la zona metropolitana de Toluca.

Bitácora Urbano Territorial, 25(1), 57–66. https://doi.org/10.15446/bitacora.v1n25.40184

Sandoval Yoval, L., & Godinez Mena, A. C. (2015). Programa de Manejo Integral de las aguas nacionales del estado de Querétaro tratamiento de aguas residuales. 2° Congreso Nacional AMICA 2015, 1(55), 1–15. México. Recuperado de http://files.bernardo-servin-massieu.com/200000057-b3f9cb4e88/residuales.pdf

Santana Juárez, M. V., Rosales Estrada, E. M., Manzano Solís, L. R., Santana Castañeda, G., & Serrano Barquín, R. A. (2015). El ordenamiento territorial y su papel en la construcción de lugares saludables, caso: zona metropolitana de Toluca, México. Ciencias Espaciales, 8(2), 178–192. https://doi.org/10.5377/ce.v8i2.2076

Secretaría de Obras Públicas, D. U. y V. (2013a). ACTUALIZACIÓN DEL PLAN DE DESARROLLO DE LA ZONA METROPOLITANA PUEBLA – TLAXCALA. México.

Secretaría de Obras Públicas, D. U. y V. (2013b). Plan De Desarrollo De La Zona Metropolitana Tlaxcala-Apizaco.

SEDESOL, Gobierno municipal Puebla, & CITELUM. (2012). Documento de Análisis: Puebla y su zona metropolitana. Recuperado de http://www.ateliers.org/IMG/pdf/2_documento_de_analisis_es.pdf

Solanes, M., & Gonzales, F. (2016). Los principios de Dublín Reflejados en una Evaluación Comparativa de Ordenamientos Institucionales y Legales para una Gestión Integrada del Agua. En Asociación Mundial del Agua (GWP) (Vol. 46). Recuperado de http://archivo.cepal.org/pdfs/Waterguide/Tac3s.pdf

Suárez Díaz, G. (2015). Gestión Metropolitana 1. México.

Téllez Pelcastre, N. (2018). Apropiación de aguas negras de la Ciudad de Pachuca. V Congreso de la Red-ISSA. San Luis Potosi: El Colegio de San Luis.

Tovar García, E. D. (2011). Zonas metropolitanas en el estado de Hidalgo y cooperación intermunicipal. Argumentos: Estudios Críticos de la Sociedad, 24(66), 155–177.

Uhlenbrook, S., & Connor, R. (2017). Prefacio. En Aguas residuales el recurso desaprovechado.

UN WATER. (2017). Aguas Residuales el Recurso Desaprovechado, Naciones Unidas. En El Abreguense (Vol. 3). FRANCIA: UNESCO. Recuperado de http://cidta.usal.es/cursos/EDAR/modulos/Edar/unidades/LIBROS/logo/pdf/Aguas_Residuales_composicion.pdf

UNESCO. (2015a). Desafíos del agua urbana en las Américas. En Journal of Chemical Information and Modeling (Vol. 53). México. https://doi.org/10.1017/CBO9781107415324.004

UNESCO. (2015b). El agua, las megalópolis y el cambio climático, eje de una conferencia internacional en la UNESCO. Recuperado de https://es.unesco.org/news/agua-megalopolis-y-cambio-climatico-eje-conferencia-internacional-unesco

UNESCO. (2019). El agua y la megalópolis. Recuperado de https://es.unesco.org/courier/2019-2/agua-y-megalopolis

Vázquez Romero, J. A. (2011). La experiencia del valle de Cuautitlán en las etapas de su desarrollo urbano. Revista Legislativa de Estudios Sociales y de Opinión Pública, 4(7), 137–161.

CAPÍTULO SEIS

IMPORTANCIA DE LOS OCÉANOS EN EL PLANETA Y EL CALENTAMIENTO GLOBAL

Guadalupe Olivia Ortega Ramírez

Introducción

Los océanos son parte fundamental de la existencia del ser humano en el planeta, ya que producen la mitad del oxígeno que como seres vivos respiramos (Muhammad, 2020). La importancia que generan estos océanos es abismal, ya que son los ecosistemas donde habitan más de 700.000 mil especies marinas como lo son: ballenas, tiburones, tortugas, entre otras. También son fuente de alimentación muy grande para las personas en todo el mundo (Greenpeace, 2020). Nuestra calidad de vida depende mucho de los océanos. Pero estos corren mucho peligro por el impacto que genera nuestras actividades y el cambio climático (ibídem).

Muchas veces los residuos sólidos como bolsas de plástico, latas, entre otras cosas, que son desechadas por el ser humano, acaban en los mares, puertos o costas; y estos terminan siendo alimento para los peces, tortugas o aves, y por ende acaban en el sistema biológico de muchas especies marinas y conllevan a consecuencias garrafales. Pero no todo es calentamiento global, hay otros factores también; como lo son: la pesca ilegal, sobrepesca y medio de transporte de embarcaciones grandes, y por lo mismo estos sean vistos como basureros flotantes (Greenpeace, 2020).

Existen tantas razones para cuidar de los océanos, entre ellas está el que es una fuente de trabajo o ingreso para muchas personas alrededor del mundo, son los principales reservorios de agua que permiten su ciclo natural, sin mencionar lo más importante que es el hogar de muchas especies marinas. Los océanos cuentan con una gran variedad de utilidades, como lo es ser regulador natural del clima de la tierra y piedra angular del sistema climático global, la importancia del océano ya no puede subestimarse (Océanos de la COI, 2017).

Se ha considerado al cambio climático como la crisis ambiental de nuestro tiempo, y por ende comprender el papel que juega el clima en los océanos es esencial para mitigar sus impactos (Woods Hole Oceanographic Institution, 2020), entiéndase que: *los océanos son parte fundamental en nuestras vidas.*

Otro aspecto de esta situación es que los seres humanos contaminen en cantidades voluminosas y eso nos lleva a consecuencias graves, como lo son: el cambio climático y calentamiento global. Se debe entender la importancia de lo que conlleva la contaminación y de la gran responsabilidad que se tiene como habitantes del mundo, porque se está acabando con la flora, fauna y el entorno, en otras palabras, con nuestro hogar llamado "planeta".

Cambio climático y los océanos

Los océanos cubren aproximadamente el 70% de la superficie terrestre y ejercen el mayor control del clima al absorber grandes cantidades de energía, por lo que desempeñan un papel importante en el ciclo del agua del planeta (Centro Mario Molina, 2016), la reconstrucción climática del pasado indica que algunas de estas transformaciones, por ejemplo, las eras glaciales, tomaron varios miles o decenas de miles de años en ocurrir. Recientemente, algunos elementos del sistema climático como la temperatura promedio de la superficie de la tierra, de los océanos y la distribución de la precipitación han cambiado aceleradamente, a tal grado que se observan cambios en periodos de décadas, a este fenómeno se le conoce como cambio climático (ibídem, 2016).

La sensibilidad climática se refiere al coeficiente de proporcionalidad entre la tendencia a largo plazo de la temperatura superficial promedio a nivel global del océano y la atmósfera y la tendencia en el forzamiento radiactivo (diferencia entre la energía recibida y emitida por la Tierra), esta diferencia está modulada por las actividades antropogénicas, es decir, la emisión de dióxido de carbono (CO2) y otros gases por las actividades industriales y el poder radiactivo o poder de calentamiento por cada gas, este parámetro se puede estimar de las observaciones satelitales, solo disponibles desde 1979 o a partir de los modelos globales de circulación general, se conoce sobre mecanismos involucrados en el efecto invernadero (por ejemplo, emisión/absorción de energía por las nubes, absorción de calor por el océano, etc.). Es un índice integrado de como el sistema Tierra responde a un incremento de gas invernadero (por ejemplo, CO2, o metano CH4) en la atmósfera y es importante conocerlo con cierta precisión para evaluar la trayectoria del calentamiento global y tomar mediciones de mitigación (Comité Científico COP25, 2019).

Se debe considerar que el cambio climático es uno de los problemas más graves por los que el planeta pasa, se tiene claro que los animales y la flora, y hasta uno como ser humano estamos perdiendo nuestro hábitat.

Efecto Invernadero

Caballero, Lozano y Ortega (2007), definen el efecto invernadero como un mecanismo por medio del cual la atmosfera de la tierra se calienta. La atmosfera terrestre es una delgada capa de gases que rodea nuestro planeta, para darnos la idea de las escalas, la atmosfera equivale a envolver con papel aluminio un balón de futbol, el balón representando la tierra, el grosor del papel aluminio al de la atmosfera, esta delgada capa de gases que rodea al planeta, es muy importante dado que en ella reside los gases que son fundamentales para el desarrollo de la mayor parte de la vida en el planeta, además de que la atmosfera representa un medio importante en el que reside una buena parte de la vida de la tierra.

La composición química de la atmosfera (que gases la forman y en que proporciones) incluye mayoritariamente a solo dos gases, Nitrógeno (N), en un 79% y Oxigeno (O2) en un 20%, el 1% restante está formado por diversos gases entre los que más abundan son el Argón (Ar) en un 0.9% y el dióxido de carbono (CO2) en aproximadamente un 0.03%. Este último gas, presente en proporciones tan bajas, es de crucial importancia en el proceso de calentamiento de la atmosfera (Caballero, 2007).

Calentamiento Global

Los Glaciares se están derritiendo, el nivel del mar aumenta, las selvas se están secando y la fauna y la flora luchan para no seguir este ritmo. Cada vez es más evidente que los humanos han causado la mayor parte del calentamiento del siglo pasado, mediante la emisión de gases de invernadero y sus niveles son cada vez más altos, ahora y en los últimos 65.000 años. A este resultado se le llama calentamiento global. Este calentamiento global está provocando una serie de cambios en el clima de la tierra o patrones meteorológicos a largo plazo que varían según el lugar.

Está cambiando el ritmo del clima al que todos los seres vivos nos hemos acostumbrado, conforme la tierra gira cada día, este nuevo calor gira a su vez recogiendo la humedad de los océanos, aumentando aquí y asentándose allá (National Geographic, 2020).

La importancia de los océanos en el planeta es un tema de gran relevancia, pues de ello depende la supervivencia de los ecosistemas (terrestres y marinos), el hacer una retrospectiva y ver el daño colateral que en un futuro puede hacer y que está haciendo, es de temer. De todos los problemas que la humanidad vive, el calentamiento global es uno de los más importantes, por lo que cabe señalar que las empresas también juegan un papel trascendental, pues muchas de ellas no contemplan las enormes cantidades de contaminantes que arrojan al mar en diferentes formas, por ello; se requiere que los empresarios estén conscientes de la importancia de su responsabilidad social con el medio ambiente.

La responsabilidad social empresarial: el medio ambiente y la importancia de proteger los océanos de los plásticos

De alguna forma se busca que muchas de las organizaciones y empresas asuman la responsabilidad de los impactos de sus decisiones y actividades. La sociedad demanda que las organizaciones reconozcan su capacidad de ocasionar serios impactos negativos sobre el medio, en sus dimensiones social, natural y económica; por lo cual deben ser totalmente responsables en la gestión de la actividad empresarial. "Los entornos naturales sanos que tienen capacidad de renovarse, y los recursos humanos mejor educados, sanos, motivados, son la base que asegura la continuidad de la producción y el éxito de empresa moderna" (Correa, citado por Alea, 2007). Implementar estas acciones pueden traducirse como una ventaja a nivel competitivo, genera reputación que puede atraer el talento, este tipo de empresas pueden calificarse como empresas verdes.

Finalmente, como es importante, se analiza la problemática de la contaminación de océanos con plásticos, las actuaciones de la Responsabilidad Social Empresarial (RSE); en este campo se basan en la reducción de plásticos, donaciones a organizaciones que se encargan de prevenir y eliminar la presencia de plásticos en océanos, entre otras. Resulta necesario establecer un vínculo entre la teoría de la sostenibilidad y su aplicación práctica en la ciencia y la formulación de políticas para desarrollar mejores modelos de estrategias sociales y medioambientales, con relevancia práctica a través de la RSE (Torre, 2019).

Esta preocupación hizo posible que se desarrollaran diversos estándares que describen las condiciones que deben reunir este tipo de sistemas de gestión y los requisitos necesarios para su implementación. Se trata de la norma ISO 14000 y la norma ISO 50000 (Nueva ISO, 2019).

Diferencias entre ISO 14001 e ISO 50001

1. Norma ISO 14001 de Sistema de Gestión Medio Ambiental.

Su propósito es fijar estándares para un manejo ambiental en cualquier organización de carácter privado, público o mixto, para ello, primero exige a las compañías el respeto por las leyes ambientales a nivel local, regional o nacional; después detalla procesos, metas y actividades para hacer efectivo dicho propósito.

2. Norma ISO 50001 de Sistema de Gestión de la Energía.

Esta normativa se orienta a fijar estándares sobre el uso de la energía: efectividad, seguridad, desempeño, eficiencia y consumo; la idea es que las organizaciones de todo tipo reduzcan el uso de este recurso y, asimismo, disminuyan la emisión de gases de efecto invernadero. Está basada en las normas ISO 14001 e ISO 9001 (ibídem).

Salinidad de los océanos

Cuando hablamos de salinidad nos referimos al contenido salino en suelo o aguas, el sabor salado del agua es debido al cloruro de sodio (Nacl) que contiene. El cloruro de sodio, más conocido como sal de mesa, es una de las sales responsable de la salinidad del océano. Aunque el agua potable contiene sal, su porcentaje es menor a 0,05%, es decir, 0,05 gramos por cada litro de agua, por encima de esta cantidad, el agua se considera salobre. El agua de mar, contiene aproximadamente 3,5% de sal, 35 gramos por cada litro de agua, pero por encima de 5% se la considera salmuera. Las proporciones de sal varían según los mares, por ejemplo, el Mar Muerto tiene un contenido en la superficie de alrededor del 15%, las aguas de este mar son relativamente ricas en calcio, magnesio, potasio y bromo, y relativamente pobres en sodio, sulfato y carbonatos, una composición significativamente diferente de la del agua de mar. Estrictamente hablando, la definición de salinidad quizás no la podríamos aplicar a sus aguas, y es que además de la sal, el agua de mar contiene muchas sustancias, hasta dos tercios de los elementos químicos naturales los podemos encontrar en las aguas de mar (Milwaukee, 2020).

En 1985, la Comisión Oceanográfica intergubernamental de la Organización de las Naciones Unidas para la Educación, la Ciencia y la Cultura definió la salinidad absoluta como la relación entre las sales disueltas en el agua de mar y la masa total de agua de mar (kg de sales disueltas/kg de agua de mar), (Claude & Boyd, 2019).

El conocimiento de la salinidad del agua de mar es de importancia fundamental en oceanografía. En el caso de la oceanografía física por ejemplo, el conocimiento de la salinidad junto con las mediciones de la temperatura en un determinado lugar, permite obtener los valores de densidad, parámetro fundamental para realizar cálculos dinámicos que permiten conocer las corrientes y el transporte de sales en el océano, es sabido que la composición química de las aguas naturales varía significativamente como consecuencia de la alteración de los componentes durante el ciclo hidrológico debido a las diferentes reacciones que ocurren. Los iones más abundantes en el agua de mar son Cloro, Sodio, Calcio, Potasio, Magnesio y Sulfato, y se encuentran en proporciones constantes debido a que su concentración está controlada por la adición o remoción de ellos hacia la columna de agua (Salamanca & Schneider, 2013).

Todos los cuerpos de agua contienen sal, las sales y otras substancias que no se evaporan se denominan sólidos disueltos totales (SDT). Muchas industrias descargan sales en los cuerpos de agua. En algunos lugares se usan sal para fundir hielo en las carreteras, las cuales terminan en los cuerpos de agua más cercanos, si la concentración de sales es alta, amenaza la flora y la fauna natural del agua, ya que el agua puede volverse inadecuada para el consumo humano y para la irrigación, la evapotranspiración también es un factor que afecta la concentración de sólidos disueltos, esto puede ser peligroso porque cuando la concentración se eleva mucho el suelo también absorbe las sales y se vuelve tóxico (Mackenzie & Masten, 2005, citado por De buen, 2007).

Manglares

Los manglares son bosques costeros que se encuentran en estuarios protegidos, riberas de los ríos y lagunas en los trópicos y subtrópicos, el término "manglar" se utiliza comúnmente para identificar los árboles y arbustos que han desarrollado adaptaciones morfológicas (Bo Christensen citado por Hernández & García, 2014).

La amplitud de la vegetación de los manglares depende de la morfología y exposición de la línea costera, en las costas abiertas el manglar puede faltar totalmente o estar limitado a unos cuantos arbustos protegidos tras las rocas, mientras que, en las costas resguardadas con grandes playas cenagosas intermareales, puede extenderse hasta más de 25 km tierra adentro. No se conoce la superficie de manglares en el mundo, pero se estima que solamente en Asia y el pacífico sea de 6 a 8 millones de hectáreas (BO Christensen, 1983).

Los manglares actúan como sistemas naturales de control de inundaciones en la zona costera, así como barreras contra huracanes e intrusión salina, controlan la erosión y protegen las costas, mejoran la calidad del agua al funcionar como filtro biológico removiendo nutrientes y toxinas, contribuyen en el mantenimiento de sistemas y procesos naturales tales como respuestas a cambio en el nivel de mar, mantienen procesos de sedimentación y funcionan como trampas de carbono. Asimismo, sirven de refugio de flora y fauna silvestre (Day et al., 1989; Flores-Verdugo 1989; McKee 1996; Osborne 2000, citados por Euan, 2014).

Sin embargo, una preocupación grande es que los manglares están desapareciendo rápidamente a pesar de los servicios ecosistémicos que brindan, el hecho de no vincular los procesos ecológicos y sus beneficios sociales, han favorecido desarrollos de acuicultura y turismo altamente destructivos que amenazan a los manglares y resultan en costosas "externalidades negativas".

La destrucción de los manglares tiene un fuerte impacto económico en las comunidades pesqueras locales y en la producción de alimentos de la región; los bosques de manglar son unos de los ecosistemas de mayor importancia biológica en la zona costera; contribuyen al flujo de energía entre la tierra y el mar, y brindan servicios ecosistémicos vitales. Incluido el procesamiento de desechos, el hábitat, la producción de alimentos y la recreación (Aburto, 2008).

Cabe mencionar que los manglares son de los ecosistemas más atractivos visualmente y algunos de los autores antes mencionados hacen hincapié en que son un atractivo turístico o quieren convertirlos en atractivo turístico, estos van acompañados de los magníficos y tristemente en peligro de extinción de los arrecifes de corales, que también son explotados para un fin turístico o de caza. Al no generar conciencia y responsabilidad en las personas de las localidades donde estos ecosistemas se encuentran y también en el turista, hace que no tenga importancia el debido cuidado y respeto que merecen.

Arrecifes de coral

Los arrecifes de coral son ecosistemas marinos tropicales y subtropicales formados por la acumulación de restos calcáreos de distintos organismos, principalmente pólipos de coral, estas acumulaciones forman estructuras submarinas complejas que sobresalen del fondo y frecuentemente llegan a la superficie del océano (Carricart-Ganivet, 2008, citado por García, 2013).

En América los primero arrecifes conocidos por los conquistadores fueron los del golfo de México, principalmente los veracruzanos, donde se instaló la Villa Rica de la Vera Cruz; sin embargo, estos no fueron los primeros en ser cartografiados, si no los del Caribe, por la peligrosidad que representaban para los marinos y sus embarcaciones (Solís, 1766, citado por García, 2013).

El mundo tiene una gran variedad de zonas con arrecifes, pero son solamente tres al rededor del mundo las más importantes:

1. Gran barrera de coral (Australia) tiene un territorio de dos mil kilómetros aproximadamente de largo, por lo que se puede ingresar a ella desde ocho puntos diferentes, es considerada patrimonio de la humanidad por la UNESCO.
2. Parque Nacional Arrecifes México, dentro de estos parques se encuentra toda la barrera arrecifal denominado "Gran Cinturón de Arrecifes del Atlántico Occidental" es considerado el segundo más grande del mundo, asimismo esta sección de la barrera, ubicada frente a puerto Morelos, se extiende al norte hasta la colindancia con el parque Nacional Costa Occidental de Islas Mujeres, Punta Cancún y Punta Nizuc y a 40 km al sureste se encuentra el parque Nacional Arrecifes de Cozumel. El caribe mexicano es parte de la segunda barrera arrecifes más grandes del mundo, que se extiende a través de Belice, Guatemala y Honduras consiguiendo una longitud total de 1.000 km (Aqua World, 2020).
3. Mar de Andamán, ubicado en el océano Indico, al suroeste del Golfo de Bengala se presentan las

condiciones ideales para que el arrecife de coral se desarrollara, este arrecife, al igual que los que se encuentran alrededor del mundo, es el paraíso natural de miles de especies.

La importancia de los arrecifes de coral se debe en parte a que tiene la mayor biodiversidad de cualquier ecosistema en el planeta, los rincones y las grietas formadas dentro de los arrecifes por el constante golpeo de las olas brindan refugio a una increíble variedad de especies. Los arrecifes coralinos albergan a una comunidad de organismos fotosintéticos y animales como: algas, corales (alrededor de 750 especies), esponjas, gusanos marinos, equinodermos (estrellas de mar y sus parientes), moluscos (caracoles, mejillones y sus familias), crustáceos (cangrejos, camarones y sus parentelas) y peces (Vivas, 2019).

Además de la riqueza natural y que muchas especies dependen de los arrecifes de coral para sobrevivir, los arrecifes también ayudan al ser humano. Porque proveen de alimentos a través de la pesca, protegen de inundaciones y son un gran soporte económico para algunas zonas a través del turismo, a su vez, ofrecen materias primas para algunos medicamentos, en especial, para combatir el cáncer (Aquae Fundación, s.f.).

Los corales son brillantes y coloridos debido a unas algas microscópicas llamadas zooxantales que viven dentro de ellos (los corales), las algas y los corales viven en una relación simbiótica ayudándose mutuamente a sobrevivir (Worl Wild Fund, 2019). Sin embargo, cuando la temperatura del océano cambia – por ejemplo, si hace demasiado calor --, los corales se estresan y expulsan algas, a medida que las algas se van, el coral se desvanece hasta que parece que ha sido blanqueado. Si la temperatura permanece alta, el coral no permitirá que las algas regresen y el coral morirá (ibídem).

Aproximadamente 25% de las emisiones de CO2 son capturadas por el océano en donde reacciona con el agua produciendo acido carbónico, el cual termina por limitar la disponibilidad de carbonato a los sistemas biológicos.

Existen numerosos experimentos que indican que incrementos en la concentración de CO2 a niveles que duplican las concentraciones preindustriales resultan en disminuciones en las tasas de calcificación de los corales formadores de arrecifes de hasta 40% (cf Kleypas y Langdon, citado por Botello, Villanueva, Gutiérrez y Galaviz, 2010).

Los arrecifes corren mucho riesgo por la contaminación de microplásticos y por la actividad humana, estos son muy sensibles a los cambios de temperatura de las aguas marinas y viven de la simbiosis con esas algas que se encuentran en su interior y de las cuales reciben energía. Al subir la temperatura esta simbiosis que da vida y energía al arrecife de coral se rompe, cuando esto se produce los arrecifes se debilitan, pierden su color y se blanquean, en esta situación, el coral puede sobrevivir días, semanas o incluso meses, pero finalmente pierden la vida. Una pérdida de gran relevancia para la salud de los océanos y del planeta (ibídem).

Como antes se menciona en México tenemos el segundo arrecife de corales más grande, es el más importante del continente americano, una verdadera joya de la biodiversidad, y uno de los atractivos turísticos por los que México sobresale entre muchas de las opciones para vacacionar de muchas personas alrededor del mundo. Sin embargo, este es un tema de gran impacto ya que con el paso de los años ha sido descuidado desafortunadamente por la actividad humana, el desarrollo turístico desordenado (más que nada por la falta de educación y conciencia a la hora de hacer actividades turísticas). Sabemos que la actividad turística es una gran fuente de ayuda económica para muchas de las personas que viven en estas localidades, pero no es por menos que el hecho de que sea una fuente de ingreso se descuide, al contrario, debería preservarse y aumentar el grado de conciencia al hacer estas y otras actividades.

Especies en peligro de extinción

En ningún otro ámbito la importancia de la biodiversidad para el desarrollo sostenible es más esencial que en los océanos, la biodiversidad marina esto es, la variedad de vida en los océanos y los mares, es un aspecto fundamental de los tres pilares del desarrollo sostenible -económico, social y sustentan la salud, bienestar y la prosperidad de la humanidad, los océanos son una de las principales reservas de la biodiversidad en el mundo, constituyen más del 90% del espacio habitable del planeta y contienen unas 250.000 especies conocidas y muchas más que aún quedan por descubrir, ya que todavía no se han identificado más de dos tercios de las especies marinas del mundo (ONU, 2017).

Los océanos y la vida que contienen son fundamentales para el funcionamiento saludable del planeta, ya que suministran la mitad del oxígeno que respiramos y absorben anualmente un 26% de las emisiones antropógenos de dióxido de carbono emitidas a la atmósfera (ONU, 2017).

México se distingue como uno de los 17 países mega diversos, al encontrarse entre los primeros lugares de las listas relacionadas con la riqueza en especies, con tan solo el 1.5% de las superficies del planeta, nuestra nación alberga el 12% de la biodiversidad que existe a nivel mundial y prueba de ello es que ocupa el segundo lugar en reptiles; el tercer sitio en mamíferos; el octavo lugar en aves y el quinto en plantas vasculares. Sin embargo, es un hecho que se ha registrado la pérdida de especies animales principalmente por dos factores: el crecimiento de la mancha urbana, lo que ha derivado en la afectación de los hábitats de las especies y el tráfico y comercio ilegal de estas (Amuraworld, 2020).

Cabe mencionar que en la categoría de "En peligro de Extinción" se encuentran 475 especies divididas en: 282 animales, 183 plantas y 10 especies de hongos. Por lo que respecta a recursos marinos, existen 90 especies protegidas por la ley bajo alguna categoría de riesgo: Protección especial (Pr); Amenazada (A); En peligro de extinción (P); y Probablemente existan en el medio silvestre (E) (ibídem, 2020).

Son 15 las especies marinas clasificadas en peligro de extinción, entre las que se encuentran siete tortugas, siendo estas: 1) la tortuga caguama, 2) la tortuga verde del pacifico o prieta; 3) la tortuga verde del atlántico o tortuga blanca; 4) la tortuga carey; 5) la tortuga lora; 6) la tortuga golfina y 7) la tortuga laud. Asimismo, en la lista de especies marinas en peligro de extinción están la totoaba, el manatí del caribe, el lobo fino de la Guadalupe, la vaquita marina, la ballena franca, la nutria marina, la cacerolita de mar; y el cangrejo (ibídem).

Hechos tales como la pesca incontrolada, la acidificación del agua, la gran contaminación que sufren los mares y océanos, y el cambio climático, del cual, somos los principales responsables, está teniendo como consecuencia que numerosas especies marinas se encuentren en peligro de extinción (Palmitos Park, s.f.).

Categorías de riesgo en el Mundo

EX: Extinto| 22 especies en México, cuando no hay duda razonable que el ultimo individuo de una especie ha muerto, la EW: Extinto en estado silvestre| 6 especies en México, cuando los individuos de una especie solo sobreviven en cautiverio o en poblaciones fuera de sus área de distribución histórica la CR: En peligro de extinción| 270 especies en México, cuando una especie enfrenta alto riesgo de extinción en la naturaleza debido a una reducción de su población (de más del 90%) durante los últimos 10 años y se entienden las causas de la disminución y es reversible, entre otras causantes, la EN: En peligro| 486 especies en México, la especie enfrenta una alto riesgo de extinción en la naturaleza debido a si su población es menor a 2,500 individuos maduros y continua reduciéndose, entre otras causantes, la VU: Vulnerable| 528 especies en México, cuando la especie se enfrenta a una reducción en el tamaño de su población (de más del 30%) durante los últimos 10 años si no se entienden las causas de la disminución y es reversible, la NT: Cercanamente amenazada. cuando una especie ha sido evaluada bajo los criterios establecidos y aunque no califica para las categorías, está muy cercana y probablemente califique en un futuro, y la LC: Preocupación menor cuando una especie ha sido evaluada contra los criterios, pero no califica para las categorías de alto riesgo y probablemente no califique en un futuro cercano porque es abundante y con área de distribución amplia. (Biodiversidad Mexicana, 2020)

Es bueno aclarar que las especies marinas son fundamentales e importantes para completar el ciclo en los océanos, como antes se menciona, las especies marinas también son de gran ayuda en los ecosistemas; es todo un proceso o ciclo de vida que va desde la flora y fauna a las especies marinas, todas ellas en conjunto hacen un trabajo inigualable para el cuidado y preservación de los océanos.

Es por eso que el ser humano debe tomar muchas responsabilidades cuando del ecosistema que lo rodea se trata, pues muchas de las cosas que están alrededor de estos ecosistemas, son fuente de trabajo, inversión, desarrollo turístico, alimentación y entre otros cosas, y no solo por mencionar algunas especies en peligro de extinción significa que se deben menospreciar o no tener cuidado y conciencia de las demás especies marinas, flora o fauna, el hecho de saber que ya hay animales, aves o plantas en peligro de extinción es para tomar el tema con mucha prevención y cautela, lo cual permitirá generar conciencia de la importancia que tienen estas especies marinas para los océanos.

Glaciares

Un glaciar es una gran masa de hielo comprimida, que se forma durante el transcurso de miles de años, como consecuencia de la nieve que permanece en un mismo lugar hasta que se transforma en hielo, los glaciares son los objetos más grandes de la Tierra y se mueven, pueden fluir muy lentamente como ríos y pasar entre las montañas creando grietas y variadas formaciones de rocas así como lagos (GeoEnciclopedia, s.f.).

Se considera que los glaciares son vestigios de la última Edad de Hielo, cuando las bajas temperaturas obligaron al hielo a dirigirse hacia las latitudes más bajas, donde ahora el clima es cálido y no parece haber indicios de hielo permanente. En la actualidad se pueden encontrar glaciares en las cadenas montañosas de todos los continentes, con excepción de Australia y algunas islas oceánicas, y entre las latitudes 35 grados norte y 35 grados sur solo pueden verse glaciares en las montañas Rocosas, en la cordillera de los Andes, Himalaya, Nueva

Guinea, México, el este de África y en el monte Zard Kuh (Irán), (ibídem, s.f.).

Durante las estaciones cálidas, algunos liberan agua de deshielo debido a su derretimiento y crean cuerpos de agua importantes para la fauna y flora, sin dejar de lado su utilidad para los seres humanos, son la mayor reserva de agua dulce del planeta, conteniendo hasta tres cuartas partes de ésta.

De acuerdo con Portillo (2020), un glaciar se clasifica en tres partes:

1. Área de acumulación: se trata de la depresión que se produce con el efecto de la erosión glaciar, esta erosión glaciar se da en las paredes montañosas y se transforma en el nacimiento de los valles, en toda esta área predomina la acumulación de nieve que cae por precipitación, esta nieve se irá convirtiendo en hielo y genera el proceso de la alimentación glaciar en su parte más alta.
2. Área de ablación: esta es la zona en la que se produce la pérdida de hielo y nieve, principalmente se suscita forma por acción o deshielo, en esta zona del glaciar el balance de masa es negativo, esto significa que la tasa de pérdida de hielo es mayor que la de su acumulación, el hielo tiende a perderse por la fusión y sublimación, así como por el desprendimiento de grandes masas.
3. Lengua Glaciar: es la zona que está constituida por una masa de hielo que se encuentra en sentido cuesta

abajo por el efecto de la gravedad. Esto genera como consecuencia el arrastre masivo de rocas que da lugar a la formación de depósitos que se conoce por el nombre de morrenas, en esta zona se producen una gran cantidad de erosión y formación de un relieve propio de los glaciares.

Desde principios de 1900, muchos glaciares alrededor del mundo se han derretido rápidamente, las actividades humanas son las causa medular de este fenómeno, específicamente desde la revolución industrial, el dióxido de carbono y otras emisiones de gases de efecto invernadero han aumentado las temperaturas provocando elevaciones de temperatura aún mucho mayores en los polos, y como resultado, los glaciares se han estado derritiendo rápidamente, fraccionado en el mar, aun cuando se logre reducir significativamente las emisiones en las próximas décadas, más de un tercio de los glaciares que aún quedan en el mundo se derretirán antes del año 2100. En cuanto al hielo marino, el 95% del hielo más antiguo y grueso del Ártico ya desapareció. Los científicos estiman que, si las emisiones continúan aumentando sin control, el Ártico podría quedarse sin hielo durante los veranos, a partir de 2040, ya que las temperaturas del océano y del aire continúan aumentando rápidamente (World Wildlife Fund, 2019).

Lo que sucede en estos lugares tiene consecuencias en todo el mundo, a medida que el hielo marino y los glaciares se derriten y los océanos se calientan, las corrientes oceánicas continuarán alterando los patrones climáticos mundiales, las industrias que dependen de pesquerías rentables se verán afectadas a medida que las aguas más cálidas cambian el lugar y época de desove de los peces. Las comunidades costeras continuarán enfrentando desastres de los cuales recuperarse les costará miles de millones de dólares a medida que aumenta la frecuencia de las inundaciones y la intensidad de las tormentas.

Las personas no son las únicas afectadas, en el Ártico, a medida que el hielo marino se derrite, los animales como las morsas pierden su hábitat y los osos polares pasan más tiempo en tierra buscando alimento, lo que ocasiona conflictos entre las personas y los osos (ibídem).

Fenómenos Meteorológicos

En los últimos años los fenómenos naturales han demostrado al ser humano que conllevan grandes desastres tanto a nivel poblacional como económico; la naturaleza afecta de forma fuerte e imprevisible a los países, la mayor parte de los eventos extremos se ha intensificado con el calentamiento global y han surgido nuevas zonas de riesgos meteorológicas. Durante 2007, 234 millones de personas de 117 países fueron afectadas, 73,946 murieron y los daños se calcularon en 81.86 mil millones de US$ (MMD) por eventos naturales extremos. En 2008, 36 millones de personas fueron evacuadas de sus hogares por desastres ambientales y los eventos hidrometeorológicos extremos se duplicaron a partir de 2005 (Arreguín et al. 2011, citado por Drust, 2013).

La meteorología está cambiando y no hace falta analizar grandes datos para darnos cuenta de que el clima ha experimentado cambios continuos en las últimas décadas. El calentamiento global es un hecho y ya ningún científico en sus cabales se atreve a negarlo. Desde la década de 1950 muchos de los cambios observados no han tenido precedentes en los últimos milenios, la atmósfera se ha calentado, el volumen de hielo y nieve ha disminuido, el nivel del mar ha crecido y las concentraciones de gases de efecto invernadero se han elevado hasta niveles sin precedentes en los últimos 800.000 años.

Está claro que ante la magnitud de este cambio y del que está por venir, muchos de los fenómenos meteorológicos que considerábamos poco habituales pueden convertirse en frecuentes o incluso algunos variar su intensidad, podría haber olas de calor más severas; menos lluvias en el mediterráneo, pero más intensas; huracanes de mayor categoría; sequías extremas que darán lugar a potentes migraciones: refugiados climáticos; entre otros fenómenos (National Geographic España, 2020).

Sin duda el cambio climático afecta en muchos sentidos al planeta y entre ellos están los fenómenos meteorológicos que, como antes se menciona, estos con el tiempo tendrán más intensidad y serán más desastrosos a la hora de dar su paso, y esto llevará a consecuencias muy graves tanto económicas como pérdidas humanas, no está de más tomar con mucha responsabilidad este tema y hacer una retrospectiva de lo que en cuanto a calentamiento global nos referimos.

Otro de los flagelos que acontecen en el cambio climático es la propia deforestación de bosques tropicales, ésta perjudica gravemente a la reproducción de la tortuga laúd y probablemente a otras especies de tortugas marinas en las playas tropicales (Divulgación de la ciencia UNAM, 2017). Los bosques son una de las fuentes más importantes de diversidad biológica y albergan variedad de hábitats para plantas, animales y microorganismos, existen 60,000 especies de árboles en el mundo, los bosques no solo protegen a varias especies, sino que actúan como filtros naturales que ayudan a purificar nuestras fuentes de agua. También almacenan carbono, limpiando y enfriando el aire.

Perder bosques significa perder nuevas fuentes de agua. Hoy en día, los bosques naturales de todo el mundo han pasado de unos 10,6 millones de hectáreas en la década de 1990 a 6,5 millones de hectáreas entre 2010 y 2015. La restauración de bosques ayuda a garantizar agua más limpia y aire más puro, además de mantener los hábitats para una gran variedad de especies (Organización de las Naciones Unidas para la Alimentación y la Agricultura, 2018).

Cuando los bosques están mal gestionados, el flujo de agua se vuelve irregular, hay más sedimentos que fluyen aguas abajo y menos agua dulce llega a otras fuentes de agua, como lagos y océanos, esto afecta negativamente a la pesca, dañando o causando la muerte de ciertos tipos de peces, esto significa que hay menos pescado para el consumo humano. También que la familia que dependen de la pesca para su sustento se enfrenta a dificultades para poder mantenerse, el pescado proporciona el 20% de las proteínas animales a unos 3 000 millones de personas, y casi 200 millones de personas dependen de la pesca y la acuicultura como medio de vida (ibídem).

La pérdida de hábitat es la razón más importante de la extinción de especies en los últimos tiempos, al disminuir su hábitat, se altera la distribución de las poblaciones biológicas por una falta de continuidad. Los bosques tropicales son muy complejos, si bien la diversidad de especies es muy alta, el número de individuos de una misma especie es muy bajo en un área determinada.

Hay ciertas especies vegetales diocas que dependen de otras plantas para la polinización, estas plantas florecen una vez al año o cada dos años. Existen plantas que producen flores femeninas y otras flores producen masculinas, será muy difícil que los pocos árboles que producen flores femeninas sean polinizados, poniendo a esa población en peligro (Bravo, 2007).

Biodiversidad

La biodiversidad es la suma de todos los ecosistemas, especies y diversidad genética de tipo terrestre, marino y acuático, incluye la variabilidad dentro de los organismos vivos y entre ellos, así como lo complejos ecológicos de los que forma parte (FAO, 2019). La biodiversidad abarca la enorme variedad de formas mediante las que se organiza la vida. Incluye todas y cada una de las especies que cohabitan con nosotros en el planeta, sean animales, planta, virus o bacterias, los espacios o ecosistemas de los que forman parte y los genes que hacen a cada especie, y dentro de ellas a cada individuo, diferente del resto (Fundación Biodiversidad, s.f.).

Se diferencian tres niveles estrechamente relacionados con la biodiversidad: 1) Diversidad Genética, incluye los componentes del código genético de cada organismo y la variedad de estos entre individuos dentro de una población y entre poblaciones de una misma especie. 2) Diversidad de especies, incluye los seres vivos con características comunes, no obstante, abarca también otros grupos menores, como subespecies y, también, otros más amplios que agrupan especies como géneros o familias. 3) Diversidad de espacios, incluye a los ecosistemas como núcleo central, éstos son conjuntos de plantas, hongos, animales, microorganismos y el medio físico que los rodea, interactuando como una unidad funcional (Biodiversidad Mexicana, 2020).

Prevenciones para no contaminar los océanos

Cada año, el vertido de sustancias químicas, de residuos como el plástico, petróleo y otros contaminantes ponen en peligro la conservación de los océanos y mares en la tierra. Son muchos los factores que influyen el deterioro de estas extensiones de agua y de la biodiversidad que en ella habita, existen infinidad de pequeñas acciones diarias con las que contribuir de manera individual a una mejor conservación de los océanos y los mares. Por ejemplo: Utilizar menos producto de plástico, hacer compras sostenibles de producto de mar, usar productos biodegradables en las playas, no tirar basura en las playas, viajar por mar responsablemente, no comprar productos que afecten la vida marina, reducir emisiones de Co2 y consumo de energía, apoyar organizaciones que trabajan a favor de los océanos, no beber agua embotellada, reducir y reciclar (Aquae Fundación, s.f.).

Sin duda, podríamos citar más ejemplos de lo que se puede hacer para ser más responsables con los océanos del planeta, pero mientras no exista una conciencia sobre la crisis ambiental que se vive en estos tiempos, se seguirá destruyendo los ecosistemas que dan vida a la propia tierra, por ello; se quiere hacer una reflexión sobre el valor que tiene el que todos los habitantes del planeta hagan un esfuerzo por aminorar las acciones que conllevan al deterioro de la flora y fauna. Como se señaló párrafos arriba, son diferentes actividades realizadas por la misma sociedad que vienen afectando a la naturaleza, una vez que se acepte esta devastación global, y se realicen acciones a favor del medio ambiente se podrá entender que todos jugamos un papel preponderante en el cuidado de nuestro entorno, y sobre todo asimilar la importancia que tienen los océanos en nuestro planeta, y las afectaciones del calentamiento global.

Referencias Bibliográficas

Aburto, O., et al. (2008). Los manglares del Golfo de California aumentan los rendimientos pesqueros, Actas de la Academia Nacional de Ciencias, julio de 2008, 105 (30) 10456-10459; DOI: 10.1073 / pnas.0804601105

Alea, A. (2007). Responsabilidad social empresarial. Su contribución al desarrollo sostenible. Revista Futuros, No. 17, 1-9, Recuperado de https://www.academia.edu/34278630/Responsabilidad_social_empresarial_Su_contribuci%C3%B3n_al_desarrollo_sostenible

Amura World. (2020). Especies marinas en peligro de extinción. Recuperado de https://amuraworld.com/topics/conservancy-report/articles/203-especies-marinas-en-peligro-de-extincion

Aqua World. (2020). Los arrecifes más importantes del mundo. Recuperado de https://aquaworld.com.mx/blog/los-arrecifes-mas-impresionantes-del-mundo

Aquae Fundación. (Sin Fecha). Los arrecifes de coral, en riesgo por los microplásticos Recuperado de https://www.fundacionaquae.org/arrecifes-coral-microplasticos/

Aquae Fundación. (Sin Fecha). 10 consejos para no contaminar el mar. Recuperado de https://www.fundacionaquae.org/consejos-no-contaminar-mar/

Biodiversidad Mexicana. (2020). Categorías de riesgo en el mundo. Recuperado de https://www.biodiversidad.gob.mx/especies/catRiesMundo

BO Christensen. (1983). Manglares: ¿Para qué sirven? FAO. Recuperado de http://www.fao.org/3/q1093s/q1093s01.htm#los%20manglares%20%C2%BFpara%20que%20sirven

Botello V. A. et al. (2010). Vulnerabilidad de las zonas costeras mexicanas ante el cambio climático. Recuperado de http://www.keneamazon.net/Documents/Publications/Virtual-Library/Ecosistemas-Marinos/4.pdf#page=247

Bravo, E. (2007). Los impactos de la explotación petrolera en ecosistemas tropicales y la biodiversidad. Recuperado de https://www.inredh.org/archivos/documentos_ambiental/impactos_explotacion_petrolera_esp.pdf

Caballero, M. Et al. (2007). Efecto Invernadero, Calentamiento global y Cambio climático: Una perspectiva desde las ciencias de la Tierra. Revista Digital Universitaria, No. 10, 1-11. Recuperado de http://www.revista.unam.mx/vol.8/num10/art78/oct_art78.pdf

Centro Mario Molina. (2016). Programa de Educación en Cambio Climático Bachillerato, Ciudad de México, México. Primera Edición.

Claude, E. & Boyd, Ph. (2019). Salinidad en la acuacultura, Parte 1, Global Aquacultura Alliance. Recuperado de https://www.aquaculturealliance.org/advocate/salinidad-en-la-acuacultura-parte-1/

Comité Científico COP25. (2019). Océano y Cambio Climático: 50 Preguntas y Respuestas. Santiago, Chile. Recuperado de https://cop25.mma.gob.cl/

wp-content/uploads/2020/01/Abc-del-oceano-y-el-cambio-climatico.pdf

De Buen, R. (2007). Modelación de la dispersión de los contaminantes vertidos en Playa Norte, Veracruz. (Físico) Universidad Nacional Autónoma de México, Ciudad de México, México.

Divulgación de la ciencia UNAM. (2017). Impacto de la deforestación sobre ecosistemas marinos. Recuperado de http://blogs.ciencia.unam.mx/cienciamundo/2017/04/11/impacto-de-la-deforestacion-sobre-ecosistemas-marinos/

Drust, A. (2013). Revisión de eventos hidrometeorológicos extremos en zona continental mexicana durante el siglo XXI. (Ingeniería) Universidad Nacional Autónoma de México, Ciudad de México, México.

Euan, A. (2014). Diversidad de especies de mangle en Soto la Marina, Tamaulipas e Isla de Jaina, Hecelchakán, Campeche. (Ingeniería) Universidad Autónoma Antonio Narro. Saltillo, Coahuila, México.

FAO. (2019). El trabajo de la FAO sobre la biodiversidad. Recuperado de http://www.fao.org/publications/highlights-detail/es/c/1181484/

Fundación Biodiversidad. (Sin fecha). Qué es la biodiversidad. Recuperado de https://fundacion-biodiversidad.es/es/que-hacemos/que-es-la-biodiversidad

García, A. (2013). Desarrollo de la metodología para la aplicación de visión estereoscópica en la estimación de parámetros ecológicos de corales. (Biólogo)

Universidad Autónoma Nacional de México. Ciudad de México, México.

Geoenciclopedia. (Sin Fecha). Glaciares: Definición de glaciares, Recuperado de https://www.geoenciclopedia.com/glaciares/

Greenpeace. (2020). Océanos. Recuperado de https://es.greenpeace.org/es/trabajamos-en/oceanos/

Hernández, A., & García, D. (2014). Análisis de cambio en la cobertura espacial del manglar en el área de protección de flora y fauna laguna de términos. (Ingeniería) Universidad Nacional Autónoma de México. Ciudad de México.

Milwaukee. (2020). La salinidad en el agua. Recuperado de https://milwaukee.cat/la-salinidad-en-el-agua/

Muhammad, T. (2020). La conferencia sobre los océanos puede cambiar el rumbo para protegerlos, Noticias ONU. Recuperado de https://news.un.org/es/story/2020/02/1469142

National Geographic España. (2020). En el futuro habrá más fenómenos meteorológicos extremos. Recuperado de https://www.nationalgeographic.com.es/ciencia/actualidad/tendremos-mas-fenomenos-meteorologicos-extremos-futuro_13378

National Geographic. (2020). ¿Qué es el calentamiento Global? Recuperado de https://www.nationalgeographic.es/medio-ambiente/el-dia-dia-con-25-litros

Nueva ISO. (2019). ¿Qué son las empresas verdes? Definición y análisis. Recuperado de https://www.

nueva-iso-14001.com/2019/05/empresas-verdes-definicion-y-analisis/

Océanos de la COI. (2017). Objetivos de alto nivel, UNESCO. Recuperado de http://www.unesco.org/new/en/natural-sciences/ioc-oceans/high-level-objectives/climate-change/

ONU (2017) La biodiversidad y los ecosistemas marinos mantiene la salud del planeta y sostiene el bienestar social. Recuperado de https://www.un.org/es/chronicle/article/la-biodiversidad-y-los-ecosistemas-marinos-mantienen-la-salud-del-planeta-y-sostienen-el-bienestar

Organización de las Naciones Unidas para la Alimentación y la Agricultura. (2018). Las conexiones y contribuciones invisibles que haces la naturaleza. Recuperado de http://www.fao.org/fao-stories/article/es/c/1132971/

Palmitos Park. (Sin Fecha). Las especies marinas que están en peligro de extinción. Recuperado de https://www.palmitospark.es/blog/animales-y-flora/las-especies-marinas-que-estan-en-peligro-de-extincion/#:~:text=Hechos%20tales%20como%20la%20pesca,encuentren%20en%20peligro%20de%20extinci%C3%B3n.

Portillo, G. (2020). Partes de un Glaciar, Meteorología en red. Recuperado de https://www.meteorologiaenred.com/partes-de-un-glaciar.html

Salamanca, M. &, Schneider, W. (2013). Perspectiva física del océano. Recuperado de http://biblio3.url.edu.gt/Publi/Libros/2013/BioMarina/04.pdf

Torre, J. (2019). La responsabilidad social empresarial: el medio ambiente y la importancia de proteger los océanos de los plásticos. Recuperado de https://repositorio.comillas.edu/xmlui/handle/11531/31236

Vivas, J. (2019). Los Arrecifes de coral ¿que son, y cuál es su función? La contaminación. Recuperado de https://lacontaminacion.org/arrecifes-de-coral-que-son-y-cual-es-su-funcion/

Woods Hole oceanographic Institution. (2020). Clima y Océano. Recuperado de https://www.whoi.edu/know-your-ocean/ocean-topics/climate-ocean/

World Wild Fund. (2019). Todo lo que debes saber y cómo podemos acabar con el blanquemiento de los corales. Recuperado de https://www.worldwildlife.org/descubre-wwf/historias/todo-lo-que-debes-saber-y-como-podemos-acabar-con-el-blanqueamiento-de-los-corales

World Wildlife Fund. (2019). ¿Por qué se están derritiendo los glaciares y el hielo marino? Recuperado de https://www.worldwildlife.org/descubre-wwf/historias/por-que-se-estan-derritiendo-los-glaciares-y-el-hielo-marino

Made in United States
Orlando, FL
05 November 2026

90229892R00169